Sentier vers

Saint-Jacques de-Compostelle

via le Puy > *Le Puy - Aubrac - Conques - Figeac*

GR® 65

AVEC L'APPUI TECHNIQUE DES COMITÉS DÉPARTEMENTAUX DE LA RANDONNÉE PÉDESTRE DE LA HAUTE-LOIRE, DE LA LOZÈRE, DE L'AVEYRON ET DU LOT

FFRandonnée
les chemins, une richesse partagée
www.ffrandonnee.fr

Randonnée en Haute-Loire / photo G. Berthole

Sommaire

- Comment utiliser ce guide ? 4
- Infos pratiques 6
- Découvrir les voies jacquaires 26
- Découvrir le sentier vers Saint-Jacques-de-Compostelle 28

Sentier vers Saint-Jacques-de-Compostelle

- **PR > Prélude au Saint-Jacques** de **34** à **41**
- **GR® 65 > du Puy à Figeac** de **42** à **117**

Index géographique 120

Index thématique 120

INFOS PRATIQUES

Comment utiliser ce guide GR®

POUR COMPRENDRE LA CARTE IGN

•974

Les courbes de niveau
Chaque courbe est une ligne (figurée en orange) qui joint tous les points d'une même altitude. Plus les courbes sont **serrées** sur la carte, plus le terrain est **pentu**. A l'inverse, les courbes **espacées** indiquent une pente **douce**.

Route	
Chemin	
Sentier	
Voie ferrée, gare	
Ligne à haute tension	
Cours d'eau	
Nappe d'eau permanente	
Source, fontaine	
Pont	
Eglise	
Chapelle, oratoire	
Calvaire	
Cimetière	
Château	
Fort	
Ruines	
Dolmen, menhir	
Point de vue	

D'après la légende de la carte IGN au 1 : 50 000.

Les sentiers de **Grande Randonnée®** décrits dans ce **topo-guide** sont tracés **en rouge** sur la carte **IGN** au 1 : 50 000 (1cm = 500m).

Autres sentiers **de Grande Randonnée® dans la région**

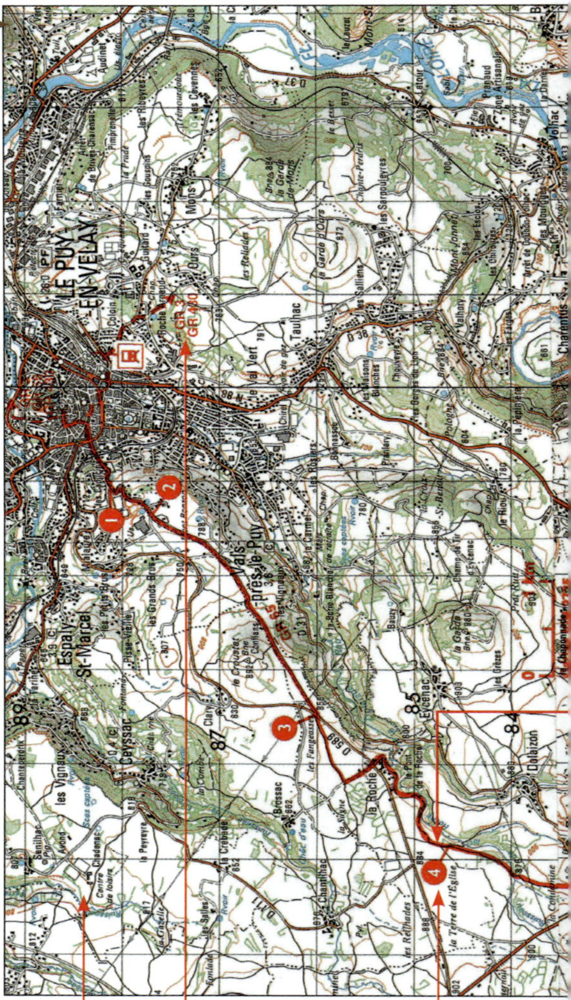

Situation géographique sur le sentier **GR®** (descriptif indiqué page de droite)

Découverte de la nature et du patrimoine

Le sentier GR® 65
Du Puy à Figeac

GR® 65 — N° du GR®

Titre de l'itinéraire.

Du Puy-en-Velay à La Roche | 5,5 km | 1 h 15

Descriptif du bandeau :
- L'étape de… à …
- Kilométrage
- Temps de marche
- Couleur du balisage

Au Puy >

Au Puy-en-Velay (625 m), le GR® 65 part de la cathédrale.

> Succédant à des monuments antérieurs (gallo-romain, 5e et 9e), l'église actuelle fut bâtie au 11e et à la fin du 12e. Au style roman, sobre et austère, s'ajoutent les influences arabes et byzantines. Le clocher est indépendant, le baptistère Saint-Jean, du 10e, lui fait face et un magnifique cloître roman se développe contre le mur Nord de l'église. Dans la sacristie : livre d'or réservé aux pèlerins et randonneurs..

1 Emprunter une route revêtue jusque sur le plateau dominant la ville.

2 Le GR® utilise ensuite sur la gauche un large chemin caillouteux qui aboutit à un carrefour marqué par un fût de croix [> croix de Jalasset datée de 1621 dont seul le fût subsiste], passe à droite de ce monument et contourne la butte de Croustet.

> Le chemin passe sur la gauche d'une petite montagne le Croustet, qui frappe par son aspect régulier. Appelée "garde" dans le pays, il s'agit d'un petit cône volcanique de type strombolien, déjà un peu remanié par l'érosion. Il est essentiellement formé de projections scoriacées assez meubles exploitées sous le nom de pouzzolanes.

Curiosités touristiques, monuments, etc. à découvrir durant l'étape.

3 Le GR® atteint la D 589 ; la couper et prendre en face le chemin de terre gravillonné, qui débouche dans un carrefour. Suivre à gauche le chemin qui devient goudronné aux premières maisons de La Roche (872 m).

De La Roche à Saint-Christophe-sur-Dolaizon | 3 km | 45 mn

Le GR® 65 traverse la D 589 et contourne La Roche par un chemin en corniche au-dessus du ravin de la Gazelle, qui continue ensuite sous la ligne de crête.

4 Le GR® 65 se dirige à droite, traverse un petit bois, s'abaisse jusqu'au ruisseau de la Gazelle pour le franchir un peu plus en amont et remonte sur sa rive droite jusqu'à Saint-Christophe-sur-Dolaizon (908 m).

4 Situation sur la carte (indiquée p. de gauche), avec descriptif détaillé du sentier de Grande Randonnée®.

> Eglise du 12e siècle, construite en brèche volcanique rougeâtre avec clocher-arcade percé de 4 ouvertures. Côté Sud, plusieurs enfeux à l'extérieur. Ce monument se trouve mentionné dès 1161, puis en 1204 dans un document émanant des Templiers du Puy. La seigneurie et le château apparaissent dès le 14e siècle dans diverses pièces d'archives.

Hors GR® > Pour Dolaizon (890 m) | 1 km | 15 mn

> Suivre la route qui part à droite du cimetière.

GR® 65 • Du Puy à Figeac • 31

---

itinéraires «Hors GR®» :
- Distance
- Temps de marche
- Couleur du balisage

Ressources disponibles (voir tableau des hébergements p. 17)

Curiosités, etc.

*Le **Hors GR®** est un itinéraire, généralement **non balisé**, qui permet de rejoindre un hébergement, un moyen de transport, un point de ravitaillement. Il est indiqué en tirets sur la carte.*

Suggestions de randonnées

GR® 65

LES ITINÉRAIRES DÉCRITS

GR® 65 > du Puy-en-Velay à Figeac (252 km) et ses variantes (27 km).

LE BALISAGE DES SENTIERS

Le sentier **GR® 65** et ses variantes sont balisés en blanc et rouge, à l'exception de la variante par Prinsuéjols, balisée en jaune et rouge.

TROIS RANDONNÉES DE 3 à 7 JOURS

De Conques à Figeac :	**3 Jours**
1er jour : de Conques à Decazeville (p. 107/109)	**20 km**
2e jour : de Decazeville à Montredon (p. 113)	**10 km**
3e jour : de Montredon à Figeac (p. 115/117)	**19 km**
Du Puy-en-Velay à Aumont-Aubrac :	**4 Jours**
1er jour : du Puy-en-Velay à Montbonnet (p. 43/51)	**16 km**
2e jour : de Montbonnet à Saugues (p. 51/63)	**24 km**
3e jour : de Saugues au Sauvage (p. 63/65)	**19 km**
4e jour : du Sauvage à Aumont-Aubrac (p. 67/73)	**27 km**
D'Aumont-Aubrac à Conques :	**7 Jours**
1er jour : d'Aumont-Aubrac à Prinsuéjols (p. 73/79)	**16 km**
2e jour : de Prinsuéjols à Nasbinals (p. 79)	**16,5 km**
3e jour : de Nasbinals à Saint-Chély-d'Aubrac (p. 73/88)	**17 km**
4e jour : de Saint-Chély-d'Aubrac à Saint-Côme-d'Olt (p. 89)	**16 km**
5e jour : de Saint-Côme-d'Olt à Estaing (p. 91/95)	**20,5 km**
6e jour : d'Estaing à Golinhac (p. 99)	**16 km**
7e jour : de Golinhac à Conques (p. 101/103)	**21 km**

Suivez les balisages de la FFRandonnée

LES TYPES DE BALISAGE

Type d'itinéraire

Bonne direction

Tourner à gauche

Tourner à droite

Mauvaise direction

1 Grande Randonnée / 2 Grande Randonnée de Pays / 3 Promenade & Randonnée

MARQUAGES DES BALISAGES

Le jalonnement des sentiers consiste en marques de peinture sur les arbres, les rochers, les murs, les poteaux. Leur fréquence est fonction du terrain.

Les baliseurs : savoir-faire et disponibilité

Pour cheminer sereinement, 6000 bénévoles passionnés s'activent toute l'année, garants d'un réseau de 180000 kilomètres de sentiers, sélectionnés et aménagés selon des critères de qualité.

Avant de partir... en randonnée

Assurances

Le randonneur parcourt l'itinéraire décrit, qui utilise le plus souvent des voies publiques, à ses risques et périls. Il reste seul responsable, non seulement des accidents dont il pourrait être victime, mais des dommages qu'il pourrait causer à autrui tels que feux de forêts, pollutions, dégradations...

Certains itinéraires empruntent des voies privées : le passage n'a été autorisé par le propriétaire que pour la randonnée pédestre exclusivement.

De ce qui précède, il résulte que le randonneur a intérêt à être bien assuré. La Fédération et ses associations délivrent une licence incluant une telle assurance.

Difficultés

Le GR® 65 n'offre aucune difficulté aux randonneurs équipés convenablement.

À signaler : la descente de Rochegude à Monistrol-d'Allier qui, les jours de pluie, est glissante, compte tenu de la pente, ainsi que le passage des clôtures dans la région de l'Aubrac ; partout où cela a été nécessaire, des marchepieds ou des chicanes ont été aménagés.

Les temps de marche

Les temps de marche indiqués dans ce guide sont indicatifs. Ils correspondent à une marche effective d'un marcheur moyen. Attention ! Les pauses et les arrêts ne sont pas comptés. Le rythme de marche est calculé sur la base de 4 km à l'heure.

Chacun adaptera son rythme de marche selon sa forme physique, la météo, le poids du sac, etc.

Période conseillée

• La saison idéale pour parcourir l'itinéraire se situe de mai à octobre.

• Sur l'Aubrac, le chemin traverse une zone de pâturages où les troupeaux sont en estives de mai à octobre. Pensez à la quiétude des troupeaux et à celle de leur propriétaire :
- refermer les barrières ;
- contourner le troupeau s'il se trouve sur le sentier ;
- ne pas emmener de chien, même tenu en laisse. Sa simple présence peut provoquer l'agressivité des vaches liée à leur instinct maternel très prononcé.

• Les tronçons du GR® situés au-dessus de 1 000 m (dans le Velay, en Margeride et sur l'Aubrac) sont impraticables en hiver. Attention au brouillard fréquent et parfois très épais.
- Météo France, tél. 32 50

Modifications d'itinéraires

Le parcours correspond à la description qui est faite dans le topo-guide. Toutefois, dans le cas de modification d'itinéraire, il faut suivre le nouveau balisage qui ne correspond plus alors à la description. Ces modifications sont disponibles auprès du Centre d'information de la Fédération (voir rubrique « Adresses utiles » page 17) ou sur le site Internet : www.ffrandonnee.fr.

Les renseignements fournis dans le topo-guide, ainsi que les jalonnements et balisages, n'ont qu'une valeur indicative, destinée à permettre au randonneur de trouver plus aisément son chemin. La responsabilité de la Fédération ne saurait donc être engagée.

Bien entendu, le balisage n'est pas une finalité, mais un moyen d'assistance et d'initiation : son objectif est de permettre aux randonneurs, voire aux promeneurs, de se déplacer dans le milieu naturel sans autre aide que celles de la carte, de la boussole, d'un jalonnement des lieu-dits et des points remarquables du paysage.

Se rendre et se déplacer dans la région

Train

• Gares du Puy (lignes Saint-Étienne – Le Puy et Clermont-Ferrand – Le Puy), Aumont-Aubrac (ligne Paris – Béziers), Figeac (lignes Paris – Rodez et Brive – Toulouse).

• Gares hors GR® : Saint-Christophe-Vallon à 22 km de Conques, Viviez-Decazeville à 3 km de Decazeville, Rodez à 38 km de Conques.

• Renseignements SNCF, tél. 36 35 ou Internet : www.voyages-sncf.com.

Cars

*(**CR** : prestataire « Compagnon de route »)*

• ***CR*** La Malle Postale, transport de bagages et de personnes entre Le Puy et Cahors, de mars à oct., tél. 04 71 04 21 79 ou 06 67 79 38 16, www.lamallepostale.com

• ***CR*** Taxi Saint-Jacques Assistance, au Puy, acheminement ou rapatriement de personnes avec leurs bagages, tél. 06 10 10 90 76.

• ***CR*** Transport du Levant, navettes Figeac-Conques-Nasbinals-Le Puy, véhicules de 9 à 54 places, prestations taxi, transport de bagages, transfert de véhicules, tél. 04 66 32 52 80 ou 06 86 67 36 31, transport-du-levant@orange.fr, www.autocars-taxi-nasbinals.fr

• ***CR*** Migratour propose ses « RandoCar » tous les jours entre l'aéroport de Saint-Exupéry (Lyon), la gare du Puy, Saugues, Conques, et retour pour groupe ou minigroupes, tours opérateurs, etc. ; également « RandoCar » tout organisés (hébergements et guides), www.autocars-migratour.fr

• ***CR*** Taxi Michaël Beyssac, tél. 06 63 90 96 48, transport de personnes et de bagages sur le GR® 65, du Puy jusqu'à Chanaleilles, 7j/7 et 24h/24, véhicule 4 places.

• ***CR*** Transports de bagages et de personnes (les Monts d'Aubrac, Le Puy, Conques, Cahors, Moissac et gare de Saint-Christophe. Liaison : Conques / Toulouse), Taxi Lample, 12320 Conques, tél. 04 71 49 95 55 ou 06 07 75 93 32, www.transports-lample-conques.fr

• ***CR*** Transbagages : transports de bagages et de personnes (Le Puy / Cahors), tél. 04 66 65 27 75 ou 06 80 06 32 19, info@transbagages.com

• SARL Benoît à Aumont-Aubrac, transport de personnes et de bagages, tél. 04 66 42 80 17 ou 06 83 86 44 05.

• Cars Hugon, Pré Vidal, 48000 Mende, tél. 04 66 65 03 81 (ligne Mende – Saint-Chély).

• Autocar Seyt, tél. 04 66 31 31 31.

• Gare routière de l'Aveyron (à Rodez), tél. 05 65 68 11 13.

• Cars Verdié, zone de Bel-Air, rue de la Ferronnerie, 12000 Rodez, tél. 05 65 77 10 55 (ligne Rodez – Espalion / Rodez – Conques / Rodez – Decazeville)

• Laurens Voyages, Capdenac, tél. 05 65 34 18 99

• Boudet, Bagnac-sur-Célé, tél. 05 65 34 92 35

• SARL Cars Delbos, BP 63, 46102 Figeac, tél. 05 65 34 00 70.

Aéroport

• Aéroport Rodez / Aveyron (à 35 km de Conques) Liaisons : Lyon, Paris, Londres, Dublin, Porto et Bruxelles Charleroi, tél. 05 65 42 20 30 (renseignements et réservations) ou 05 65 76 02 00, www.aeroport-rodez.fr

Stationnement au Puy-en-Velay

Pendant le temps de la randonnée, il est possible de garer un véhicule au parking souterrain du Breuil, ouvert tous les jours (pour les dimanches et jours fériés, prévoir la prise de l'abonnement la semaine précédente). Il existe un tarif spécial randonnée. Renseignements et réservations au 04 71 02 03 54.

TROUPEAU EN LOZÈRE / PHOTO B. NÈGRE

Hébergements, restauration, commerces et services

Se loger

On peut se loger chaque soir sur l'itinéraire ou à proximité immédiate. Les formules d'hébergement sont diverses et variées (gîtes d'étape, refuges, hôtels, chambres d'hôtes ou chez l'habitant, campings, etc.). Pour les gîtes d'étapes et refuges, renseignez-vous auprès du logeur pour savoir s'il faut emporter son sac ou son drap de couchage.

La réservation est vivement recommandée (des arrhes pourront vous être demandés). La liste présentée se veut exhaustive, sans jugement sur la qualité de l'accueil et le confort. Certains de ces établissements peuvent être labellisés (Gîtes de France, Gîtes Panda, Balad'hôtel, Logis de France, Clévacances, etc.).

Les prestataires « Compagnons de Route » des Comités départementaux de la randonnée pédestre de la Haute-Loire et de l'Aveyron sont identifiables par un autocollant placé sur leur établissement et par la mention *CR*. Ils soutiennent les actions des bénévoles de la FFRandonnée et notamment l'entretien et le balisage des itinéraires. La liste est disponible aux Comités ou sur les sites Internet (voir « Adresses utiles » page 19).

Les punaises de lits sont désormais installées en France dans tous types d'hébergements sur les chemins de randonnée. Les hébergeurs conscients du problème traitent leurs lieux d'accueil ; vous aussi soyez vigilants, car il existe des produits de traitement pour combattre ce fléau.

Se restaurer

Un bon petit-déjeuner pour commencer la journée, un bon dîner le soir à l'étape : c'est cela aussi la randonnée. Là encore, les formules sont variées (repas au gîte, à l'hôtel, tables d'hôtes, restaurants, fermes-auberges, etc.). Dans certains gîtes d'étape, on peut préparer soit-même son dîner et petit déjeuner, renseignez-vous auprès des propriétaires. Un forfait demi-pension est souvent proposé (nuit, dîner, petit déjeuner).

Liste des hébergements

Les hébergements sont cités dans le sens du parcours.

*(**CR** : prestataire « Compagnon de route » dans la Haute-Loire et l'Aveyron)*

SUR LE GR® 65 ou à proximité :

La mise à jour des hébergements du GR®65 est disponible sur www.lacroiseedeschemins.com.

Le Puy-en-Velay (43000)

- ***CR*** **Gîte d'étape *Accueil Saint-François,*** 6, rue Mayol, 13 chambres (19 places), 04 71 05 98 86, ouvert du 02/01 au 24/12.
- ***CR*** **Gîte d'étape des *Capucins***, 29, rue des Capucins, 4 chambres (19 pers.), 04 71 04 28 74, www.lescapucins.net, panier repas, cuisine en gestion libre.
- ***CR*** **Gîte d'étape de la *Gazelle***, 15, rue de la Gazelle, 06 85 27 73 77 ou 04 71 57 24 69, 6 chambres (15 pers.), ouvert tte l'année.
- ***CR*** **Gîte d'étape *la Colline aux Cabanes***, av. Jean-Moulin, à Espaly-Saint-Marcel, 04 71 02 15 77 ou 07 81 12 96 41, www.lacollineauxcabanes.com, 5 cabanes (20 pers.), épicerie régionale, ouvert de mars à nov.
- ***CR*** **Gîte d'étape *Accueil des Pèlerins de Saint-Jacques***, 28, rue Cardinal-de-Polignac, 2 dortoirs (30 places), 04 71 09 43 92 ou 06 37 08 65 83, ouvert d'avril au 15/10.
- ***CR*** **Hôtel-restaurant *Le Bilboquet******* (logis), 52, fg Saint-Jean, 04 71 09 74 24, www.hotel-bilboquet.fr, 11 chambres (22 places), wifi.
- ***CR*** **Hôtel *Dyke*****, 37, bd Maréchal-Fayolle, 04 71 09 05 30, www.dykehotel.fr, 15 chambres (27 places), wifi.
- ***CR*** Hôtel ***Ibis Budget*****, 25, av. Charles-Dupuy, 04 71 02 83 41, www.lepuy-hotels.com, 70 chambres (240 places), accueil 24h/24, wifi.
- ***CR*** **Hôtel-restaurant *Ibis Centre******, 1, av. d'Aiguilhe, 04 71 02 22 22, www.lepuy-hotels.com, 57 chambres (114 places), accueil 24h/24, wifi, panier repas.
- ***CR*** **Hôtel-restaurant *Ibis Styles******, 47, bd Maréchal-Fayolle, 04 71 09 32 36, www.lepuy-hotels.com, 50 chambres, accueil 24h/24, wifi, panier repas.
- ***CR*** **Hôtel *Saint-Jacques******, 7, place Cadelade, 04 71 07 20 40, www.hotel-saint-jacques.com, 14 chambres

(30 pers.), fermé de janvier au 10/02.
- *CR* **Hôtel-restaurant *du Parc*******, 4, av. Clément-Charbonnier, 04 71 02 40 40 (Châteaux et Hôtels Collection), www.hotel-du-parc-le-puy.com, 15 chambres (30 pers.), ouvert toute l'année.
- *CR* **Hôtel *Le Régional***, 36, bd Maréchal-Fayolle, 04 71 09 37 74 ou 06 85 27 73 77, 13 chambres, à 400 m de la gare SNCF, wifi, ouvert toute l'année 7j/7.
- *CR* **Hôtel-restaurant *B&B*****, 2, av. Charles-Massot, à Vals-près-le-Puy, 04 71 05 68 66, www.hotelbb.com, 48 chambres (100 places), accueil 24h/24, wifi, panier repas.
- *CR* **Chambres et table d'hôtes *L'Epicurium***, 5, rue du Bessat, 04 43 07 27 11 ou 06 24 41 56 10, www.l-epicurium.com, 5 chambres (13 pers.), ouvert toute l'année.
- *CR* **Chambres et table d'hôtes *Les Jardins de Champfleury***, 133 bis, av. Maréchal-Foch, 04 71 02 36 75 ou 06 07 42 93 59, www.lesjardinsdechampfleury.fr, 4 chambres (8 à 10 places), panier repas, poss. transport, ouvert du 01/04 au 30/09.
- *CR* **Chambres d'hôtes *La Cour d'Aragon***, 4, rue Grenouillit, 04 71 02 00 87 ou 06 86 66 22 51, 1 chambre (3 places), wifi, ouvert toute l'année.
- *CR* **Chambres d'hôtes *La Maison au Loup***, 10, rue du Prat-du-Loup, 3 chambres (4 places), 04 71 57 45 35 ou 06 76 31 82 25, www.maison-au-loup.fr, wifi.
- *CR* **Chambres d'hôtes *Logis Meymard***, 24, rue Meymard, 3 chambres (6 places), 04 71 09 63 24 ou 06 62 72 35 69, www.logismeymard.fr, wifi, ouvert du 01/04 au 30/11.
- *CR* **Chambres d'hôtes *La Terrasse de Marie***, 3, rue Oddo-de-Gissey, 4 chambres (8 places), 06 03 71 38 11, www.lepuyenvelay-chambres-hotes.fr
- *CR* **Chambres d'hôtes *Agapi***, 1, rue St-Gilles, 2 chambres (5 places), 04 71 05 74 85 ou 06 77 26 34 93, www.maisonagapi.com, poss transport, ouvert du 16/01 au 31/12.
- *CR* **Chambres d'hôtes *La Sylve***, 29 quarter, rue des Capucins, 2 chambres (4 places), 06 11 12 51 77, panier repas, poss. transport (gare), wifi, ouvert toute l'année.
- *CR* **Chambres d'hôtes La Charmille**, 10, rue du 11-Novembre à Brives-Charensac, 04 71 09 28 16 ou 06 30 49 20 21, www.la-charmille.fr, 2 chambres (5 places), poss. transport.
- *CR* **Camping de Bouthezard**, Aiguilhe, 04 71 09 55 09 ou 06 64 93 55 63, 80 emplacements, ouvert du 15/03 au 31/10.
- *CR* **Camping municipal *d'Audinet******, Plaine d'Audinet à Brives-Charensac, 04 71 09 10 18, www.camping-audinet.fr, 117 emplacements, bungalows, ouvert du 26/04 au 24/09.
- **Hôtel *Appart des Capucins***, 04 71 04 28 74.
- **Hôtel *Bristol***, 04 71 09 13 38.
- **Hôtel *Chris'tel***, 04 71 09 95 95.
- **Hôtel *Le Régina***, 04 71 09 14 71.
- **Hôtel *le Val Vert***, 04 71 09 09 30.
- **Chambres d'hôtes**, M. Kaeppelin, 04 71 05 71 74.
- **Chambres d'hôtes**, Mme Oubrier, 06 19 03 17 43.
- **Chambres d'hôtes**, Mme Richard, 04 63 20 25 03.
- **Chambres d'hôtes**, Mme Rouvier, 04 71 02 42 56.
- **Chambres d'hôtes**, Mme Usson, 04 71 02 73 72.
- **Accueil St-Georges**, 04 71 09 93 10.
- **Auberge de jeunesse**, 04 71 05 52 40.

Eycenac (43370 Saint-Christophe-sur-Dolaizon) Hors GR® à 2 km

- **Chambres et table d'hôtes *Le Champ de l'Ousteau*** (3 épis), 04 71 01 51 55 ou 06 50 58 60 27, www.lechampdeloustau.fr, 5 chambres (15 places), poss. transport, ouvert du 04/01 au 20/12.

Tallode (43370 Saint-Christophe-sur-Dolaizon)

- *CR* **Chambres et table d'hôtes et gîte d'étape *La Maison Vieille* (3 épis)**, 4 chambres, 04 71 03 17 78 ou 06 18 11 38 06, ouvert de février à nov.

Bains (43370) sur variante balisée

- *CR* **Chambres et table d'hôtes (3 épis)**, Patricia Raveyre, route du Puy, 3 chambres (10 places), 04 71 57 51 79 ou 06 83 59 93 47, http://lafermedestjacques.pagesperso-orange.fr, panier repas, wifi, poss. transport, ouvert toute l'année.

Jalasset (43370 Bains) hors variante à 1,2 km

- **Chambres d'hôtes**, Mme Pélisse, 04 71 57 52 72.

Fay (43370 Bains) sur variante

- *CR* **Gîte d'étape du Velay**, 04 71 02 71 60, www.grand-gite.fr, 7 chambres (37 places), panier repas, poss transport, wifi, accueil chiens et chevaux.
- **Chambre d'hôtes**, Mme de Rancourt, 04 71 57 55 19.

Montbonnet (43370 Bains)

- *CR* **Gîte d'étape *La Grange***, 4 chambres (15 places), 04 71 57 54 44 ou 06 20 74 47 43, panier repas, ouvert du 01/04 au 31/10 (fermé 1re semaine de juillet).
- **Gîte d'étape**, M. Manière, 04 71 57 51 03.
- **Chambre d'hôtes**, Mme Constant, 04 71 02 19 95.

Dallas (43580 Saint-Privat-d'Allier) Hors GR® à 1,5 km

- *CR* **Chambres et table d'hôtes *Au repaire de Bona* (3 clés)**, 4 chambres (12 places), 09 82 35 52 54 ou 06 14 24 70 30, www.aurepairedebona.com, panier repas, accueil cavalier, poss. transport.

Rougeac (43580 Saint-Privat-d'Allier) Hors GR® à 2,7 km

- *CR* **Chambres et table d'hôtes *Le Clos des Pierres Rouges* (4 épis)**, 3 chambres (6 places), 04 71 00 64 78 ou 06 08 81 68 71, http://lespierresrouges.free.fr, panier repas, poss. transport, ouvert du 28/12 au 15/11.

Le Chier (43580 Saint-Didier-d'Allier)

- *CR* **Chambres et table d'hôtes *La Remise* (3 épis)**, 3 chambres (6 places), 04 71 57 29 37 ou 06 60 38 25 34, www.remise.e-monsite.com, poss. transport, wifi.

Saint-Privat-d'Allier (43580)

- *CR* **Chambres et table d'hôtes Accueil randonneurs**, 5 chambres (15 places), 04 71 57 29 12, www.accueil-randonneurs.fr, panier repas, ouvert de mi-mars au 31/10.
- *CR* **Gîte d'étape *La Cabourne* (3 épis)**, 13 chambres (53 places), 04 71 57 25 50 ou 06 23 46 03 06, www.lacabourne.fr.
- **Hôtel-restaurant *La Vieille Auberge*** 04 71 57 20 56.
- **Camping *Le Marchat***, 04 71 57 22 13.

La Grangette (43580 Saint-Didier-d'Allier) Hors GR® à 6 km

- *CR* **Chambres et table d'hôtes *La***

Grangette (2 épis), 04 71 57 24 41 ou 06 76 18 83 96, 4 chambres (15 pers.), panier repas, poss. de transport.

Monistrol-d'Allier (43580)

• ***CR*** **Gîte d'étape et séjour avec table d'hôtes** ***La Tsabone***, montée des Deux-Chiens, 2 chambres (12 places), 04 71 06 17 23 ou 06 15 15 38 39, www.latsabone.fr, ouvert du 01/03 au 31/10.

• ***CR*** **Gîte d'étape communal**, route du Gévaudan, 2 chambres (12 places), 04 71 57 24 14, www.monistroldallier.fr, ouvert du 01/03 au 31/10.

• ***CR*** **Gîte d'étape** ***Au Ricochet*** (2 épis), route du Gévaudan, 04 71 57 20 97 ou 06 59 07 70 66, www.auricochet-monistrol.com, 5 chambres (15 places), ouvert du 01/03 au 31/10.

• ***CR*** **Camping municipal du** ***Vivier**********, 47 emplacements, 04 71 57 24 14, www.monistroldallier.fr, ouvert du 15/04 au 15/09.

• **Hôtel** ***Le Pain de Sucre***, 04 71 57 24 50.

• **Chambre d'hôtes** ***Le Repos du Pèlerin***, 09 67 06 27 36.

Saugues (43170)

• ***CR*** **Gîte d'étape communal et camping municipal** ***Sporting de la Seuge*** (2 épis), rue de la Margeride, 5 chambres (15 places), 04 71 77 80 62 ou 06 65 15 04 32, www.saugues.fr

• ***CR*** **Gîte d'étape** ***Le Chalet du Pèlerin***, rue des Cîmes, 06 09 60 09 65, panier repas, poss. transport, ouvert du 01/04 au 31/10.

• ***CR*** **Gîte à la ferme (3 épis)**, 6 chambres (19 pers.), 04 71 77 83 45, www.chemindecompostelle.com, poss. transport, ouvert du 01/04 au 31/10.

• ***CR*** **Centre d'hébergement et d'activités** ***La Margeride***, rue des Tours-Neuves, 20 chambres (40 places), 04 71 77 60 97, www.lamargeride.com, panier repas, ouvert du 03/03 au 23/10.

• ***CR*** **Hôtel-restaurant** ***La Terrasse*** **(Logis)**, 10 chambres (20 pers.), 04 71 77 83 10, www.hotellaterrasse-saugues.com, ouvert du 15/02 au 15/11.

• ***CR*** **Hôtel-restaurant** ***Les Tours Neuves***, cours Gervais, 5 chambres, 04 71 77 82 60, fermé à Noël et jour de l'An.

• ***CR*** **Chambres et table d'hôtes** ***Chez Monique***, place St-Antoine, 3 chambres (6 places), Mme Dubois, 04 71 77 83 51 ou 06 69 47 85 24, fermé au 15/09.

• ***CR*** **Chambres et table d'hôtes** ***L'Étape***, rue de la Margeride, 5 chambres (15 places), 04 71 77 38 03, www.letape-saugues.com, accueil équidés, wifi, ouvert du 31/03 au 31/10.

• ***CR*** **Chambres et table d'hôtes** ***Les Gabales*** **(3 épis)**, av. Lucien-Gires, 5 chambres (15 places), 04 71 77 86 92 ou 06 66 67 77 77, www.lesgabales.com, panier repas, wifi, poss. transport, ouvert du 15/03 au 10/11.

• **Chambres d'hôtes Villedieu**, 04 71 77 67 91.

Le Rouve (43170 Saugues) Hors GR® à 4,5 km

CR **Chambres et table d'hôtes** ***Les Fourneaux*** **(gîte de France 3 épis)**, Mme Hélène Blanc, 04 71 77 64 15, www.chambres-hotes-saugues.info, 4 chambres (12 places), poss. transport, ouvert du 01/04 au 31/10.

La Clauze (43170 Grèzes)

• ***CR*** **Gîte d'étape** ***Le Refuge des Pèlerins de Margeride***, 1 chambre (6 places), 06 81 20 66 08, ouvert d'avril à octobre.

• ***CR*** **Gîte d'étape** ***La Coustette de la Clauze***, 09 82 57 45 88 ou 06 78 17 18 27, www.autour-de-la-clauze.fr, 5 chambres (14 places), tables d'hôtes, panier repas.

• ***CR*** **Gîte et chambres à la ferme** ***Au repos d'Antan***, 5 chambres (14 places), 04 71 77 66 56 ou 06 66 47 67 18, www.chemindecompostelle.com/vidal, réserv. obligatoire, ouvert d'avril à octobre, fermé les dimanches.

Le Falzet (43170 Chanaleilles)

• ***CR*** **Gîte d'étape - Accueil à la Ferme**, 7 places, 04 71 74 42 28, www.chemindecompostelle.com, panier pique-nique, fermé le 01/11.

Le Villeret-d'Apchier (43170 Chanaleilles)

• ***CR*** **Gîte d'étape** ***Auberge des 2 pèlerins***, 7 chambres (19 places), 06 07 28 06 44, www.aubergedes2pelerins.fr, panier pique-nique, poss. transport, ouvert du 15/03 au 15/11.

Chanaleilles (43170) Hors GR® à 500 m

• ***CR*** **Gîte d'étape** ***Le Café du Pont***, 3 chambres + 1 dortoir (19 places), 04 71 74 41 63, panier pique-nique, poss. transport, ouvert du 15/03 au 31/10.

Domaine du Sauvage (43170 Chanaleilles)

• **Gîte d'étape** ***Auberge du Sauvage en Gévaudan*** **(3 épis)**, 11 chambres (41 places), 04 71 74 40 30, panier pique-nique, ouvert toute l'année.

Les Faux (48120 Saint-Alban) Hors GR®

• **Gîte d'étape** ***L'Oustal de Parent***, 19 places en dortoir, et **hôtel**, 13 chambres, M. Parent, 04 66 31 50 09, www.oustaldeparent.com, oustal-de-parent@wanadoo.fr

Saint-Alban-sur-Limagnole (48120)

• **Gîte d'étape** ***L'Europe***, snack-bar, 30, Grand'rue, 19 places, Philippe Parent, 04 66 31 15 82 ou 06 81 14 81 78, philippeparent48@orange.fr, gite-leurope-margeride.com

• **Gîte, chambre d'hôtes et restaurant,** ***auberge Saint-Jacques***, 3, place du Breuil, M et Mme Manin, 14 places, 04 66 31 51 76, contact@auberge-saint-jacques.fr, www.auberge-saint-jacques.fr

• **Gîte d'étape**, 16 places, et **Hôtel du Centre**, 20 chambres, 04 66 31 50 76, hotel.maury@orange.fr

• **Accueil Pèlerin** ***La Maison du Pèlerin***, 13 places (3 chambres), 04 66 45 74 33, rai.connan@orange.fr

• **Gîte d'étape** ***Le Cabinet***, 10 places, 04 66 31 58 69, jean.andreu2@orange.fr, 06 32 24 43 17.

• **Chambres et tables d'hôtes** ***Les drailles de la Margeride***, 1, Grand'rue, 10 places, M et Mme Trauchessec, 06 70 11 20 54, drailles.margeride@gmail.com

• **Chambres d'hôtes** ***Sur le chemin***, route de Mende, Mme Peyridieu-Soubiran, 04 66 31 53 03, http://sur-le-chemin.pagesperso-orange.fr

• **Gîte** ***les Genêts***, 10 places, Mme et M. Charbonnel, 04 66 31 51 25 ou 06 31 48 48 10, www.lesgenets48.fr

• **Camping** ***Le Gallier***, snack, M. et Mme Jougounoux, 04 66 31 58 80, campinglegallier48@wanadoo.fr

Les Estrets (48700 Fontans)

• **Gîte d'étape et chambres d'hôtes**, 24 places, repas possible, M. Rousset, 04 66 45 61 90, pas.rousset@orange.fr

Bigose (48200 Rimeize)
• **Chambres d'hôtes** *Les Granges de Bigose*, M. et Mme Castarède, 25 places, 04 66 47 12 65, www.grangesbigose.com

Aumont-Aubrac (48130)
• **Gîte d'étape** *Aubrac Randonnée,* 2, route d'Aubrac, Céline et Damien Rochefort, 5 places, 04 66 31 33 12 ou 06 20 06 05 66, damien@aubrac-randonnee.fr, www.aubrac-randonnee.fr
• **Gîte d'étape** *Ferme du Barry,* 25 places, et 2 chambres d'hôtes, M. Bossuge, 04 66 42 90 25 ou 06 71 83 17 46, www.ferme-du-barry.com
• **Gîte d'étape** *Aubrac-hôtel*, 14 places en dortoir, 36 places en chambres, M. Dutartre, 04 66 42 99 00, www.aubrac-hotel.net
• **Gîte d'étape** *Chemin faisant*, 15 places, 15, av. de Peyre, 06 24 83 19 36 ou 06 86 52 57 47, annie.lautard@live.fr
• **Gîte d'étape**, route d'Aubrac, 11 places, 06 76 68 43 90.
• **Hôtel** *Prunières,* place du Relais, 48 chambres, 04 66 42 85 52, prunieres@ifrance.com
• **Hôtel** *Chez Camillou*, 80 places, 04 66 42 80 22, www.camillou.com
• **Hôtel** *Le Relais de Peyre*, 21 places, 04 66 42 85 88, www.lerelaisdepeyre.com
• **Accueil randonneurs** *Les Sentiers Fleuris,* 20 places (9 chambres), pas de coin cuisine, 04 66 42 94 70, www.sentiers-fleuris.com
• **Chambre d'hôtes** *Les Volets bleus,* 9 places, 04 66 31 34 11 ou 06 74 21 55 95, www.lesvoletsbleus.vpweb.fr
• **Chambres d'hôtes** *le 24,* 4 places, 24, route d'Aubrac, Françoise et Christian Mathieu, 06 75 91 71 30.
• **Camping municipal,** mairie, 04 66 42 80 02.

Lasbros (48130 La Chaze-de-Peyre)
• **Bungalow** *Le Champ du Théron*, 4 places, 04 66 31 01 45 ou 06 61 55 92 17, lolaquentin_21@hotmail.fr
• **Gîte** *Hernandez*, 16 places, 04 66 47 08 94.

Les Quatre-Chemins
(48130 La Chaze-de-Peyre)
• **Auberge** *Chez Régine*, 8 places en dortoir, 2 places en chambre, Mme Soulier, 04 66 42 83 36.
• *Aux quatre vents*, Jean-Marc Granier, 13 places, 04 66 45 72 16 ou 06 64 19 34 03 ou 06 52 77 51 80, accueil chevaux.

Les Gentianes
(Finieyrols 48100 Prinsuéjols)
• **Gîte d'étape** *Les gentianes*, 20 places, et 5 **chambres d'hôtes**, 17 places, 04 66 32 52 77, auberge.gentianes@wanadoo.fr

Finieyrols (48100 Prinsuéjols)
• **Chambres d'hôtes** *La rose de l'Aubrac,* 14 places, 04 66 45 78 55 ou 06 08 31 55 61, larosedelaubrac@orange.fr

Prinsuéjols (48100) (hors GR®)
• **Gîte d'étape** : auberge rurale, 50 places, 04 66 32 52 94.

Rieutort-d'Aubrac (48200 Marchastel)
• **Gîte d'étape** *L'Ange gardien*, 20 places, 04 66 32 79 54 ou 06 73 64 34 36, j-marie@wanadoo.fr, angegardien-compostelle.fr

Marchastel (48260) (hors GR®)
• **Chambres d'hôtes**, 11 places, Mme Boyer, 04 66 32 53 79, www.location-gites-aubrac.com.
• **Chambres d'hôtes** *Château de Marchastel*, 04 66 32 59 50, www.aubrac2000.com.

La Grange des Enfants
(48260 Nasbinals) Hors GR® à 500 m
• **Chambre d'hôtes** *La Borie de l'Aubrac*, 04 66 45 76 97 ou 06 12 89 43 78 ou 06 21 04 18 70, ouvert toute l'année, www.borie-aubrac.com

Montgros (48260 Nasbinals)
• **Auberge** *Maison de Rosalie,* 14 places en gîte d'étape, 18 places en hôtel, M. Girard, 04 66 32 55 14, maisonrosalie@aol.com

Nasbinals (48260)
• **Gîte d'étape communal,** 19 places, Mme Chassang, 04 66 32 59 47.
• **Gîte d'étape** *La Grappière,* 16 places, Mlle Buffière, 04 66 32 15 60, marjori.lagrappiere@laposte.net, www.chemindecompostelle.com
• **Gîte d'étape** *Le Sorbier,* route d'Aubrac, 18 places, 04 66 32 56 79 ou 04 66 32 50 19, chaletderoc.rey@free.fr, www.aubrac.com
• **Gîte d'étape** *Lô d'Ici,* Mme Rieutort, 20 places, 04 66 32 92 69, www.lodici-aubrac.com
• **Gîte d'étape équestre des** *Monts d'Aubrac,* route de Saint-Urcize, 22 places, 04 66 32 50 65 ou 06 77 51 03 25, gerardmoisset0343@orange.fr, www.equitation-aubrac-lozere.fr
• **Gîte d'étape** *NADA,* 40 places, école Saint-Joseph, 04 66 32 50 42 ou 06 32 18 43 53, contact@nada-aubrac.com, www.nada-aubrac.com
• **Séjours Bastide,** 100 places, 04 66 32 50 03, www.bastide-nasbinals.com
• **Hôtel de** *France,* 12 places, 04 66 32 50 19, chaletderoc.rey@free.fr, www.aubrac.com
• **Hôtel** *La route d'argent*, 04 66 32 50 03.
• **Hôtel** *La randonnée*, 04 66 32 89 25.
• **Camping municipal**, ouvert du 25/05 au 30/09, 04 66 32 51 87.
• **Gîte** *Au bon accueil du pèlerin*, route de Saint-Urcize, 5 places, pas de coin cuisine, 04 66 32 55 02.
• **Gîte** *Las Paros*, route de la Rosée-du-Matin, 10 places, 06 80 78 63 96, las-paros@orange.fr
• **Chambres d'hôtes** *Mazuc Solelhau,* 4 places, 9 les Gentianes, 04 66 31 95 30 ou 06 86 21 93 85, genevieve.soulie48@orange.fr

Aubrac (12470)
• *CR* **Gîte d'étape communal** *La Tour des Anglais*, 16 pers., dortoirs et gestion libre, ouvert de mai à oct, 05 65 44 21 15 (OT), www.stchelydaubrac.com
• *CR* **Chambres d'hôtes et table d'hôtes** *La Colonie*, 12 pers., 05 65 51 64 79 ou 06 32 14 05 71, www.la-colonie com
• **Gîtes du** *Royal Aubrac*, individuels et groupes, 50 places, 05 65 44 28 41.
• **Hôtel-restaurant** *La Dômerie***, 05 65 44 28 42.
• **Chambres et table d'hôtes** *L'Annexe d'Aubrac*, Mme Salazard, 14 pers., 06 75 88 41 19.

Sarbonnel (12470 Saint-Chély-d'Aubrac) Hors GR® à 500 m
• *CR* **Gîte d'étape** *Sarbonnel*, 6 places, 06 70 20 61 93, http://gitesarbonnel.jimdo.com, ouvert toute l'année.

Saint-Chély-d'Aubrac (12470)
• *CR* **Gîte communal**, 26 pers., dortoirs et gestion libre, ouvert toute l'année, 05 65 44 21 15 (OT), www.stchelydaubrac.com
• *CR* **Hôtel-restaurant** *Les Coudercous***, Logis, 21 chambres, ouvert de mi-janv. à mi-déc., 05 65 44 27 40, www.lescoudercous.fr

LISTE DES HÉBERGEMENTS

• *CR* **Hôtel-restaurant des *Voyageurs*****, 7 chambres, ouvert de mi-avril à mi-oct., 05 65 44 27 05, www.hotel-conserverie-aubrac.com
• *CR* **Camping municipal**, ouvert de mai à août, 05 65 44 21 15 (OT) ou 05 65 44 27 08, www.stchelydaubrac.com
• **Gîte *Saint-André***, 19 pers., 05 65 44 26 87.
• **Gîte *Le Chemin***, 6 pers., 06 76 17 22 36.
• **Gîte *De Grèzes***, 15 pers., 06 08 63 60 18.
• **Gîte Mme Plagnard**, 4 pers., 05 65 44 79 83.
• **Chambres et table d'hôtes**, Mme Henry-Lefebvre, 7 pers., 05 65 44 12 96.
• **Chambres d'hôtes**, Mme Azam, 4 pers., 06 78 13 46 47.
• **Chambres d'hôtes Relais *Saint-Jacques***, 6 pers., 05 65 44 79 83.
• **Chambres d'hôtes**, M. et Mme Vidal, 6 pers., 05 65 44 79 83.
• **Chambres d'hôtes**, Mme Gardes, 6 pers., 05 65 44 25 96.
• **Chambres d'hôtes**, Mme Brunier, 15 pers., 05 65 51 64 80.

Saint-Côme d'Olt (12500)

• *CR* **Gîte d'étape communal *Del Romiou***, 18 pers, ouvert d'avril à oct., 06 35 59 16 05, www.gitedelromiou.com
• *CR* ***Espace Rencontre Angèle Mérici***, Gîtes de France 3 épis, Malet, 70 pers., ouvert toute l'année, 05 65 51 03 20, www.hotel-gite-aveyron.com
• *CR* **Gîte d'étape**, M. et Mme Rous, 7 pers., coin cuisine, ouvert d'avril à oct., 05 65 48 18 16 ou 06 70 61 83 22, jmrous@orange.fr
• **Chambres et table d'hôtes *Le Jardin d'Eliane***, 5 chambres, 05 65 48 28 06.
• **Chambres d'hôtes *Le Plateau***, 2 chambres, 05 65 48 07 04.
• **Camping *Belle rive*****, 71 emplacements, 05 65 44 05 85.

Combes (12500 Saint-Côme d'Olt) variante

• **Gîte de Combes**, 23 lits, 05 65 48 21 58.

Espalion (12500)

• *CR* **Villages de Vacances VAL-VVF *Le Rouergue***, 42 gîtes, ouvert de mi-avril à sept., 05 65 44 02 15, www.vvfvillages.fr
• *CR* **Gîte d'étape *La source Saint-Hilarian***, 12 places, ouvert de mars à oct., 05 65 44 12 29 ou 06 81 73 98 98, louraynal@laposte.net
• *CR* **Chambres d'hôtes *La Maison du Pèlerin***, 2 chambres, 05 65 44 26 77 ou 06 51 86 75 30, www.haltpelerin.fr
• *CR* **Gîte d'étape *Obrador***, 12 lits, 05 65 48 71 52, giteobrador.free.fr
• **Gîte *Au Fil de l'eau***, 20 lits, 06 24 83 19 36.
• **Gîte d'étape *La Halte Saint Jacques***, 18 lits, 06 28 30 38 30.
• **Centre de Vacances *Les Sagnes***, pour groupe > à 10 pers., 05 65 48 04 04.
• **Hôtel de *France*****, 23 chambres, 05 65 44 06 13.
• **Chambre d'hôte *Le Perse***, 1 chambre, 05 65 48 07 07.
• **Chambre d'hôte**, M. et Mme Morin, 1 chambre, 05 65 51 48 57.
• **Chambres d'hôtes**, M. et Mme Régis, 2 chambres, 05 65 48 45 91.
• **Camping *Roc de l'Arche******, 05 65 44 06 79.

Saint-Pierre-de-Bessuéjouls (12500)

• *CR* ***Domaine d'Armagnac***, 3 chambres d'hôtes (6 lits) + gîte d'étape (6 lits), 05 65 48 20 71, www.domaine-armagnac.com

Estaing (12190)

• *CR* **Gîte d'étape communal**, 20 pers., ouvert de mars à oct., 05 65 44 03 22, www.estaing12.fr
• *CR* **Hôtel-restaurant *Aux Armes d'Estaing*****, 30 chambres, 05 65 44 70 02, www.estaing.net, ouvert d'avril à novembre.
• *CR* **Auberge *Saint Fleuret*****, 30 pers., ouvert du 15 avril au 30 oct., 05 65 44 01 44, www.auberge-st-fleuret.com
• *CR* **Chambres d'hôtes *Lou Bellut***, Clévacances 2 clés, Mme Simon, ouvert de mai à sept., 2 pers., 06 80 66 77 79.
• **Gîte d'étape**, Mme Bloas, 14 places, 07 87 96 68 75.
• **Hospitalité Saint-Jacques**, 16 pers., 05 65 44 19 00.
• **Chambres d'hôtes**, M. Dijols, 12 pers., 05 65 44 71 51.
• **Chambres d'hôtes**, Mme Colcanap-Gaudin, 2 pers., 06 70 88 16 61.
• **Camping municipal *La Chantellerie****, 05 65 44 72 77.

Campuac (12580) GR® 6

• **Chambres d'hôtes**, Mme Viguier, 4 pers., 05 65 44 61 23.
• **Chambres d'hôtes *Les Cabanes d'Elo***, La Brousse (hors GR® à 1,5 km), 9 pers., 06 71 62 32 40.
• **Gîte du Barthas** (hors GR® à 650 m), 10 pers., 05 65 51 59 38.
• **Chambres d'hôtes *La Brévarie*** (hors GR® à 900 m), 2 à 4 pers., 05 65 44 67 14.

Fonteilles (12140 Golinhac) Hors GR® à 300 m

• **Chambres et tables d'hôtes**, 5 à 9 pers., 06 07 04 32 59.

Massip (12140 Golinhac)

• *CR* **Gîte d'étape *L'Orée du chemin***, 20 pers., repas ou pique-nique possible, 05 65 48 61 10 ou 06 71 38 07 57, www.loreeduchemin.fr

Golinhac (12140)

• *CR* **Pôle *Belle vue*** : gîtes, camping, d'avril à oct., le reste de l'année sur réservation, 05 65 44 50 73 ou 06 89 55 46 32, www.golinhac-hebergements.com
• *CR* **Gîte *Le Petit Saint-Jacques***, ouvert toute l'année, 05 65 44 59 12, www.petitsaintjacques.fr
• *CR* **Hôtel-restaurant *La Bastide d'Olt***, 5 chambres, ouvert toute l'année, 05 65 51 63 68 ou 06 89 54 96 85, www.golinhac-hebergements.com
• *CR* **Chambres et tables d'hôtes *La Landette***, 12 pers., ouvert toute l'année, 05 65 44 78 53, www.landette.fr ou www.petitsaintjacques.fr
• **Chambres d'hôtes *Les rochers***, 8 pers., 05 65 48 13 85.

Le Battédou (12140 Golinhac) Hors GR® à 2 km

• **Chambres d'hôtes**, 12 pers., 05 65 48 61 62.

Bessoles (12140 Golinhac) Hors GR® à 500 m

• *CR* **Chambres et tables d'hôtes**, Mme Soulié, ouvert d'avril à oct., 10 pers., 05 65 66 18 86 ou 06 65 50 10 31, www.lafermedebessoles.com

Espeyrac (12140)

• **Gîte d'étape communal**, 12 pers., 05 65 69 88 69.
• **Hôtel-restaurant *La Vallée***, 15 chambres, 05 65 69 87 61.
• **Chambres et table hôtes *La Maison Viala***, 7 places, 05 65 72 11 29.

Liris (12140 Espeyrac) Hors GR® à 1,2 km

• **Gîte pèlerin chrétien**, 6 pers., 06 73 59 47 02.

Sénergues (12320)

• *CR* ***Domaine de la Borie***, Cap France 2 cœurs, groupe > à 15 pers., 70 places, 05 65 71 39 00, www.rouergue-vacances-loisirs.com

• **Gîte d'étape *Domaine de Sénos***, 33 pers., 05 65 72 91 56.

Le Fraysse (12320 Sénergues) Hors GR® à 2 km

• **Camping, ferme auberge**, Gîtes de France, 05 65 72 87 79.

Conques (12320)

• *CR* **Gîte d'étape communal**, 30 pers. (2 dortoirs), ouvert d'avril à oct., 05 65 72 82 98, www.conques.fr

• *CR* **Centre d'accueil *Abbaye de Sainte Foy***, 95 pers., ouvert toute l'année, 05 65 69 89 43, www.abbaye-conques.org

• *CR* **Maison Familiale de Vacances**, Relais « Cap France », 87 pers., ouvert toute l'année pour les groupes mini. 20 pers., 05 65 69 86 18, www.maison-vacances-conques.com

• *CR* **Chambres d'hôtes *La Maison des sources***, 10 pers., ouvert toute l'année, 05 65 47 04 54, www.lessourcesdeconques.com

• **Hôtel *Sainte Foy***, 17 chambres, 05 65 69 84 03.

• **Hôtel *Domaine de Cambelong*********, 9 chambres, 05 65 72 84 77.

• **Auberge *Saint Jacques***, 13 chambres, 05 65 72 86 36.

• **Chambres d'hôtes**, M Gaillac, 9 pers., 05 65 72 82 10.

• **Chambres d'hôtes**, Mme Scépé, 7 pers., 05 65 72 83 87.

• **Chambres d'hôtes *Le Chrismo***, 2 à 4 pers., 05 65 72 80 39.

• **Chambres d'hôtes *Le Castellou***, 12 pers., 05 65 78 27 09.

• **Chambres d'hôtes *Alice et Charles***, 9 pers., 05 65 72 82 10.

• **Camping *Beau rivage***, 05 65 69 82 23.

Noailhac (12320) variante du GR® 65

• **Gîte d'étape Communal**, 18 places, 05 65 72 91 25

• **Chambres d'hôtes**, Montbigoux (hors GR® à 800 m), 4/6 pers., 05 65 69 85 01

La Buscalie-Haute (12110 Aubin) Hors GR® à 1 km

• **Gîte d'étape *Le Buscalien***, 5 pers., 05 65 63 63 23.

Decazeville (12300)

• **CR Gîte d'étape *Les volets bleus***, 15 pers., coin cuisine, ouvert d'avril à oct., 07 81 02 27 58, www.voletsbleus-decazeville.fr

• **CR Gîte d'étape *Le mineur paysan***, écogite, 14 pers., ouvert d'avril à nov., 05 65 43 33 44 ou 06 23 20 29 97, http://lemineurpaysan.free.fr

• **Hôtel *Malpel*******, 20 chambres, 05 65 43 04 33.

• **Hôtel *Foulquier*******, 21 chambres, 05 65 63 27 42.

• **Chambres d'hôtes *La Cabie*** (hors GR® à 600 m), 4 pers., 06 86 71 37 16.

Saint-Roch (12300 Decazeville)

• **Gîte d'étape *Sentinelle***, 7 pers., 05 65 43 49 52.

Livinhac-le-Haut (12300)

• *CR* **Gîte d'étape communal**, Gîtes de France, 29 pers., 05 65 64 45 96 ou 06 76 86 94 77, www.livinhac-le-haut.fr

• *CR* **Chambres d'hôtes *Le Podensis***, 4 pers., ouvert d'avril à oct., 06 72 07 64 03.

• *CR* **Chambres d'hôtes *Le potager du Peyssi***, 8 pers., 05 65 63 35 92 ou 06 37 98 01 35.

• *CR* **Camping *Roquelongue********, ouvert toute l'année, chalets, mobil-home, emplacements, 05 65 63 39 67, www.camping-roquelongue.com

• **Gîte d'étape *La Magnanerie***, 5 chambres, 05 65 43 25 56.

• **Chambres d'hôtes *La coquille bleue***, 7 pers., 05 65 43 39 52.

• **Chambres d'hôtes *Les Esplagnes***, 2 chambres, 09 51 57 54 66.

• **Chambre d'hôte B&B**, 1 chambre, 06 83 35 26 96.

• **Chambres d'hôtes *Sur le chemin***, 5 chambres, 06 89 55 55 32.

• **Camping *Beau Rivage********, 05 65 63 37 59.

Montredon (46270)

• **Chambres d'hôtes *La Mariotte***, 05 65 34 38 20, lamariotte@orange.fr

Felzins (46250) Hors GR® à 2 km

• **Chambres d'hôtes *La Grange de Bord***,05 65 10 66 71 ou 06 18 62 25 24, http://lagrangedebord.magix.net

• **Chambres d'hôtes *Le Pentadou***, 05 65 40 48 12, www.lepentadou.com, de début avril au 15/10.

Figeac (46100)

• **Tous types d'hébergements**, se renseigner à l'OT du Pays de Figeac : 05 65 34 06 25, www.tourisme-figeac.com

• **Gîte d'étape *Chez Célia*** (Rando Étape), 15 places (1 dortoir, 2 chambres, 1 mini-studio), 09 82 59 69 07 ou 06 05 10 95 59, gitechezcelia.pericard@yahoo.fr, www.gitechezcelia.com

• **Gîte d'étape du *Gua***, 12 places, 05 81 71 50 28 ou 06 74 73 22 69, www.figeac-gite-compostelle.fr, du 1er mars à fin oct.

• **Gîte d'étape et chambres d'hôtes *Le Soleilho***, 05 65 34 64 41 ou 06 79 13 00 70.

• **Gîte d'étape de la *Voie Romaine***, 05 65 34 22 95.

La Cassagnole (46100 Faycelles) sur le GR® 65

• **Gîte d'étape (16 places) *Le Relais Saint-Jacques*** (Rando Étape), M. et Mme Gomez, 05 65 34 03 08, www.cassagnole.com, ouvert toute l'année.

DOMERIE D'AUBRAC / PHOTO L. VIDAL.

Tableaux des ressources

Rando Accueil

Les établissements Rando Accueil sont sélectionnés pour leur convivialité et leur environnement de qualité ; en outre, ils proposent des conseils personnalisés pour découvrir les itinéraires de randonnée alentour. Internet : www.rando-accueil.com

Tableau de ressources (lecture des localités)

Légende
Localité sur le parcours du GR®
Localité sur le parcours d'un autre GR®
Localité **hors GR®**
Liaison ou variante sur le parcours d'un GR®

GR® 65

Gîte d'étape, foyer rural, gîte de groupe — Hôtel — Chambres d'hôtes, meublé, gîte rural — Camping — Ravitaillement — Restaurant — Café — OT/SI — Car — Train

Distributeur de billets (ne figure que dans le descriptif)

km	LOCALITÉS	Pages	Gîte d'étape	Hôtel	Chambres	Camping	Ravitaillement	Restaurant	Café	OT/SI	Car	Train
	LE PUY-EN-VELAY	43	•	•	•	•	•	•	•	•	•	•
5,5	EYCENAC (hors GR® à 2 km)	47			•							
3	SAINT-CHRISTOPHE-SUR-DOLAIZON	51						•	•		•	
1	TALLODE	51			•							
3	BAINS (à 3,5 km par la variante)	55			•		•	•	•		•	
0	Fay (à 6,5 km par la variante)	55	•		•						•	
3,5	MONTBONNET	61	•		•			•	•		•	
5	LE CHIER	57			•							
1	DALLAS et ROUGEAC (hors GR® à 1,5 km)	57			•							
1,5	SAINT-PRIVAT-D'ALLIER	61	•	•	•	•	•	•	•	•	•	
7	MONISTROL-D'ALLIER	61	•	•	•	•	•	•	•		•	•
12	SAUGUES	63	•	•	•	•	•	•	•	•	•	
7,5	LA CLAUZE	65	•		•							
2,5	LE FALZET	65	•				•					
1	LE VILLERET-D'APCHIER	65	•									
3	CHANALEILLES (hors GR® à 0,5 km)	65	•				•	•	•			
5,5	LE SAUVAGE	67	•				•	•	•			
7	LES FAUX (hors GR® à 1 km)	67	•	•	•			•	•			
5,5	SAINT-ALBAN-SUR-LIMAGNOLE	67	•	•	•	•	•	•	•	•		
2	GRAZIÈRES-MAGES	71				•		•				
5,5	LES ESTRETS	71	•		•							
1	BIGOSE	71			•			•				
5,5	AUMONT-AUBRAC	73	•	•	•	•	•	•	•	•	•	•
6,5	LASBROS	77	•									
4	LES QUATRE CHEMINS	77	•		•			•	•			
0	PRINSUÉJOLS (à 3 km par la variante)	77	•					•	•			

LONGUEUR D'UNE ÉTAPE POUR LES LIEUX D'HÉBERGEMENT HORS GR® : **DISTANCE INDIQUÉE DANS LA COLONNE DE GAUCHE + KILOMÉTRAGE SUPPLÉMENTAIRE INDIQUÉ ENTRE PARENTHÈSES**

TABLEAU DES RESSOURCES PAR LOCALITÉ

GR® 65

Gîte d'étape, foyer rural, gîte de groupe — Hôtel — Chambres d'hôtes, meublé, gîte rural — Camping — Ravitaillement — Restaurant — Café — OT/SI — Car — Train

Distributeur de billets (ne figure que dans le descriptif)

km	RESSOURCES ▶ / ▼ LOCALITÉS	Pages	Gîte d'étape	Hôtel	Chambres	Camping	Ravitaillement	Restaurant	Café	OT/SI	Car	Train
3	LES GENTIANES	69	•		•			•				
0	MALBOUZON (hors GR® à 1,5 km)	79					•	•	•			
0	PRINSUÉJOLS (hors GR® à 2,5 km)	79	•					•	•			
0,5	FINIEYROLS	79			•							
4	RIEUTORT-D'AUBRAC	79	•									
0	MARCHASTEL (hors GR® à 2 km)	79			•							
3,5	MONTGROS	79	•	•	•			•	•			
3	NASBINALS	79	•	•	•	•	•	•	•	•		
9	AUBRAC	87	•	•	•			•	•			
8	SAINT-CHÉLY-D'AUBRAC	89	•	•	•	•	•	•	•	•	•	
16	SAINT-CÔME-D'OLT	91	•		•	•	•	•	•		•	
9,5	ESPALION	91	•	•	•	•	•	•	•	•	•	
3	SAINT-PIERRE-DE-BESSUEJOULS	95	•		•							
8	ESTAING	95	•	•	•	•	•	•	•	•	•	
0	CAMPUAC (par GR® 6, à 12 km)	99	•		•		•		•			
0	FONTEILLES (hors GR® à 0,3 km)	99			•	•						
14	MASSIP	99	•									
2	GOLINHAC	99	•	•	•	•	•	•	•			
0	LE BATTEDOU (hors GR® à 2 km)	99	•		•	•						
5	BESSOLES (hors GR® à 0,5 km)	101			•							
8,5	ESPEYRAC	101	•	•	•		•	•	•			
0	LIRIS (hors GR® à 1,2 km)	101	•									
3,5	SÉNERGUES	101	•			•	•		•			
0	LE FRAYSSE (hors GR® à 2 km)	101				•						
9	CONQUES	103	•	•	•	•	•	•	•	•	•	
3	NOAILHAC (à 5 km par la variante)	107	•		•		•	•	•			
14	LA BUSCALIE-HAUTE (hors GR® à 1 km)	109	•									
3	DECAZEVILLE	109	•	•	•	•	•	•	•	•	•	
4	LIVINHAC-LE-HAUT	113	•		•	•	•	•	•		•	
6	MONTREDON	117			•							
9	FELZINS (hors GR® à 2 km)	115			•							
10,5	FIGEAC	117	•	•	•	•	•	•	•	•	•	•
4	LA CASSAGNOLE	117	•									

LONGUEUR D'UNE ÉTAPE POUR LES LIEUX D'HÉBERGEMENT HORS GR® : **DISTANCE INDIQUÉE DANS LA COLONNE DE GAUCHE + KILOMÉTRAGE SUPPLÉMENTAIRE INDIQUÉ ENTRE PARENTHÈSES**

Rejoignez-nous
et randonnez
l'esprit libre
Pour mieux connaître la fédération, les adresses des associations de votre département, pour tout savoir sur l'actualité de la randonnée, pour adhérer ou découvrir la collection des topo-guides.
Tout sur
www.ffrandonnee.fr
FFRandonnée

S'équiper et s'alimenter durant la randonnée

S'équiper

Pour partir à pied plusieurs jours dans la nature, mieux vaut emporter un minimum d'équipement :
– des vêtements de randonnée adaptés à tous les temps (vent, froid, orage, pluie, neige, chaleur, etc.) ;
– des chaussures de marche adaptées au terrain et à vos pieds ;
– un sac à dos ;
– un sac et un drap de couchage pour certains gîtes d'étape ou refuges qui ne fournissent pas le nécessaire ou si vous campez. N'oubliez pas de demander lors de votre réservation.
– des accessoires indispensables (gourde, couteau, pharmacie, lampe de poche, boussole, grand sac poubelle pour protéger le sac à dos, chapeau, bonnet, gants, lunettes de soleil et crème solaire, papier toilette et couverture de survie).

S'alimenter

Pensez à vous munir d'aliments énergétiques riches en protéines, glucides et fructose, tels que des barres de céréales, pâtes de fruits, fruits secs. Le chocolat est également un bon aliment énergétique, mais il présente l'inconvénient de fondre à l'intérieur du sac.
Pensez aussi à boire abondamment, mais attention à ne pas prendre n'importe quelle eau en milieu naturel. Munissez-vous dans ce cas de pastilles purificatrices.

Adresses utiles

Randonnée

Pour adhérer à une association de randonneurs et entretenir les sentiers ou pour obtenir des informations sur les sentiers.

• **Centre d'information de la Fédération française de la randonnée pédestre**, 64, rue du Dessous-des-Berges, 75013 Paris, tél. 01 44 89 93 93, info@ffrandonnee.fr, www.ffrandonnee.fr

• **Comité départemental de la randonnée pédestre de la Haute-Loire**, La Croisée des Chemins, 21, rue du Collège, 43000 Le Puy-en-Velay, tél. 04 71 04 15 95, randohauteloire@wanadoo.fr, www.lacroiseedeschemins.com

• **Comité départemental de la randonnée pédestre de Lozère**, au CDT de la Lozère, 14, bd H.-Bourrillon, 48000 Mende, www.comitedepartementaldelarandonne-pedestredelozerecdrp48.com

• **Comité départemental de la randonnée pédestre de l'Aveyron**, Maison du Tourisme, 17, rue Aristide-Briand, BP 831, 12008 Rodex cedex, tél. 05 65 75 54 61, cdrp12@wanadoo.fr, http://aveyron.ffrandonnee.fr

• **Agence de développement touristique Lot Tourisme**, CS90007, 46001 Cahors cedex 9, tél. 05 65 23 06 28, cdrp-46@orange.fr

Randonnée avec ânes

• *CR* **Ânes Azimut**, tél. 04 71 08 30 07 ou 06 60 47 17 02, www.aneazimut.com, ouvert de mai à novembre.

• *CR* **Chik'Ânes**, tél. 04 63 89 00 98 ou 06 08 77 96 93, www.chikanes.com

• *CR* **Rando Âne**, tél. 04 71 03 99 32 ou 06 86 81 73 19, www.rando-ane.fr, ouvert de Pâques à Toussaint.

Comités départementaux du tourisme (CDT)

Pour tout savoir sur les séjours, activités, transports et hébergements dans la région.

• **Maison du Tourisme de la Haute-Loire**, Hôtel du Département, 1, place Mgr-de-

FFRandonnée
TopoGuides®
RANDOCITADINES®
MONUMENTS • CURIOSITÉS • JARDINS • PARCOURS NOCTURNES
Sur
Cô
dan
APIEDENFAMILLE®
DÉCOUVERTE DE LA NATURE • OBSERVATION DE LA FAUNE
GR®
Grande Randonnée
Crêt
des
GR 5
PR®
Promenade & Randonnée
La Picardie
... à pied®
50 Promenades et Randonnées
FFRandonnée
www.ffrandonnee.fr
Tout le catalogue en ligne
www.ffrandonnee.fr
Un choix de titres pour tous et dans toute la France.
Un catalogue très riche : 4 collections et 270 titres.
Des randonnées itinérantes et des promenades en famille.
Des nouveautés et des mises à jour tous les ans.
TopoGuides®
La meilleure façon de marcher
Sarbacane Design

Galard, 43000 Le Puy-en-Velay, tél. 04 71 07 41 65, www.auvergnevacances.com, contact@auvergnevacances.com

- **CDT de Lozère**, 14, boulevard H.-Bourrillon, BP 4, 48000 Mende, tél. 04 66 65 60 00.
- **CDT de l'Aveyron**, Maison du Tourisme, 17, rue Aristide Briand, BP 831, 12008 Rodex cedex, tél. 05 65 75 40 12, www.tourisme-aveyron.com
- **Agence de Développement Touristique Lot Tourisme**, 107, quai Cavaignac, CS 90007, 46001 Cahors Cedex 9, tél. 05 65 35 07 09, www.tourisme-lot.com

Offices de tourisme et Syndicats d'initiative (OT/SI)

- OT, Halte sur les Chemins de Saint-Jacques, 2, place du Clauzel, 43000 Le Puy-en-Velay, tél. 04 71 09 38 41, info@ot-lepuyenvelay.fr, www.ot-lepuyenvelay.fr
- OT Pays de Saugues, Cours Gervais, 43170 Saugues, 04 71 77 71 38, www.cc-paysdesaugues.fr, www.haut-allier.com, ot.saugues@haut-allier.com
- OT et SI, le Château, 48120 Saint-Alban-sur-Limagnole, tél. 04 66 31 57 01, otstalban@wanadoo.fr
- OT et SI, 48130 Aumont-Aubrac, tél. 04 66 42 88 70, www.ot-aumont-aubrac.fr
- OT et SI, Nasbinals, tél. 04 66 32 55 73, www.nasbinals.fr
- OT, rue de la Tour, 12470 Saint-Chély d'Aubrac, tél. 05 65 44 21 15, www.stchelydaubrac.com
- OT, 12500 Espalion, tél. 05 65 44 10 63, www.tourisme-espalion.fr
- OT, rue François d'Estaing, 12190 Estaing, tél. 05 65 44 03 22, www.haut-rouergue.fr
- OT, place de la République, 12140 Entraygues-sur-Truyère, tél. 05 65 44 56 10, www.tourisme-entraygues.com
- OT Conques Marcillac, rue du Chanoine-Bénazech, 12320 Conques, tél. 05 65 72 85 00, www.conques.fr
- OT, square Jean-Segalat, 12300 Decazeville, tél. 05 65 43 18 36, www.decazeville-tourisme.com
- OT de la Vallée du Lot, La Planque, 12300 Flagnac, tél. 05 65 63 27 96, www.tourisme-valleedulot.com
- OT du Pays de Figeac, place Vival, 46100 Figeac, tél. 05 65 34 06 25, www.tourisme-figeac.com.

Autres adresses

- **Association de coopération interrégionale « Les chemins de Saint-Jacques-de-Compostelle »**, 4, rue Clémence-Isaure, 31000 Toulouse, tél. 05 62 27 00 05, www.chemins-compostelle.com
- **Association Sur les Chemins de Compostelle**, Espace Clément Marot, place Bessières, 46000 Cahors, tél. 05 65 53 06 27.
- **Société française des Amis de Saint-Jacques**, 8, rue des Canettes, 75006 Paris, tél 01 43 54 32 90.
- **Association Compostelle 2000**, 26, rue de Sévigné, 75004 Paris, tél. 01 43 20 71 66, compostelle2000@wanadoo.fr, www.compostelle2000.com.
- **Association Les Amis du chemin de Saint-Jacques en Quercy, Rouergue et Languedoc**, 31500 Toulouse, compostelle.toulouse.free.fr.
- **Association « Sur les pas de Saint Jacques »** (Haute Loire, Lozère, Aveyron), Hôtel de Ville, 48130 Aumont-Aubrac, spsj33@gmail.com.

Abonnez-vous
à Passion Rando
la randonnée grandeur nature
NOUVELLE FORMULE
Jusqu'à -60%
+ d'idées rando
+ de photos
+ de conseils pratiques
4n° par an
12€
seulement*
* Tarif non licencié, 6€ tarif licencié
Avril-mai-juin 2014
PASSION Rando
LE MAGAZINE DE LA FFRANDONNÉE
PASSION RANDO N°31
Bretagne
Balades iodées sur le GR®34
La Côte des Légendes, au Pays des Abers
Alpes
Le Vercors, bastion sauvage
Trek en Slovénie
Mont Triglav, la montagne sacrée
Haute-Provence
Land art, un musée en plein air
Nature
Les elfes des zones humides
Histoire
Les heures de gloire de la voie Régordane
FFRandonnée
www.ffrandonnee.fr
M 07208 - 31 - F: 4,00 € - RD
Rendez-Vous sur www.ffrandonnee.fr
rubrique Passion Rando Magazine !

Bibliographie, cartographie

Ouvrages sur le pèlerinage de Saint-Jacques

- *Chemins de Saint-Jacques*, éd. Gallimard.
- *Les Chemins de Saint-Jacques de Compostelle*, éd. MSM.
- Huchet P., Boelle Y., *Merveilles des chemins de Compostelle*, éd. Ouest-France.
- Chocheyras J., *Saint-Jacques à Compostelle*, éd. Ouest-France.
- Barral I Altet X., *Compostelle le grand chemin*, éd. Gallimard.
- Dahai J., *Un artiste chinois - pèlerin de l'art sur les chemins de Compostelle*, éd. Ouest-France.
- Lachaud M.-C., *Un jour j'irai à Compostelle…*, Le Bord de l'Eau éd.
- Martineaud S., *Le livre d'or de Compostelle*, éd. Bayard.
- Oursel R., *Les chemins de Compostelle*, éd. Zodiaque.
- Péricard-Méa D., *Les routes de Compostelle*, éd. J.P. Gisserot.
- Thébault P., *Les Chemins de Saint-Jacques de Compostelle - Moissac*, éd. au fil du Temps.
- *Compostelle, la légende, l'histoire, les chemins, les hommes*, éd. Edisud, 2008.
- *Guide Patrimoine Mondial*, éd. DEL, 2009.

Ouvrages géographiques et historiques sur la région

- Guides Bleus, *Auvergne et Cévennes-Languedoc*, éd. Hachette.
- Guides Verts, *Vallée du Rhône, Auvergne, Gorges du Tarn – Cévennes – Bas-Languedoc* et *Périgord-Quercy*, éd. Hachette.
- *Guide Auvergne–Haute Loire*, éd. Gallimard.
- Guide du Routard, *Auvergne–Limousin*, éd. Guide du Routard.
- *Lozère–Aveyron*, guide de la Manufacture.
- *Le guide Figeac, ville d'Art et d'histoire*, éd. du Patrimoine, 2011.
- Comte L., *Le Puy-en-Velay, ville aux huit merveilles*, éd. La Cathédrale Notre-Dame-du-Puy (s'adresser au 22, rue Cardinal-de-Polignac, 43000 Le Puy).
- Cazave J., *Rouergue*, éd. Salingardes.
- Delmas C., Fau J.-C., *Conques*, éd. du Beffroi, 1989.
- Fau J-C., *Rouergue roman*, 3e édition, 1990.
- Oursel R., *Routes romanes*, 3 volumes, 1982, 1984, 1986.
- *Margeride, Aubrac et Lozère, Vivre en Lozère*, Lachamp éditeur.
- *Lozère, Margeride, Aubrac*, numéro spécial du bulletin Haute-Lozère, 1972.
- *L'Aubrac*, Centre national de la recherche scientifique.
- L'association « Sur les Pas de Saint Jacques » édite un guide pratique et de découverte de la Via Podiensis, du Puy-en-Velay à Livinhac-le-Haut. Cette publication donne des conseils utiles, des informations sur le patrimoine, les hébergements, les services, tout en ayant une approche culturelle des lieux avec une présentation par région naturelle. L'édition est disponible gratuitement sur demande auprès de : spsj33@gmail.com

Hébergements

- *Gîtes d'étapes et Refuges*, A. et S. Mouraret, téléchargeable sur le site internet : www.gites-refuges.com

Cartographie

- Cartes IGN au 1 : 100 000 n° 50 et 58.
- Carte Michelin au 1 : 200 000 n° 235.
- Carte touristique 922, série Découverte de la France IGN/ACIR.

Organisation des Nations Unies pour l'éducation, la science et la culture

Chemins de Saint-Jacques-de-Compostelle en France
inscrits sur la Liste du patrimoine mondial en 1998

Le 2 décembre 1998, l'annonce de l'inscription sur la liste du patrimoine mondial par l'Unesco des chemins de Saint-Jacques-de-Compostelle en France venait couronner les efforts conjugués de l'État, de la Fédération française de la randonnée pédestre, de la Société française des Amis de Saint-Jacques-de-Compostelle et de l'Association de coopération interrégionale « Les chemins de Saint-Jacques-de-Compostelle ».

Aujourd'hui, la réhabilitation engagée en 1995 par la Fédération française de la randonnée pédestre avec l'aide de la Fondation d'Entreprise Gaz de France s'achève.

Depuis la Belgique, la Suisse et bientôt l'Italie, les pèlerins randonneurs disposeront, pour rejoindre l'Espagne, de quatre itinéraires tracés au plus près des quatre Voies principales, ponctués de jalons particulièrement représentatifs marquant, par la coquille stylisée or sur fond bleu, l'appartenance de ces cheminements aux « Itinéraires Culturels européens ».

Au total, plus de **5000** km aménagés en GR®
140 jalons implantés
52 comités départementaux et **12** comités régionaux impliqués
12 topo-guides® maintes fois réédités
10 ans de travail

La Fédération remercie tous ceux qui y ont contribué.

Gariotte / photo Comité Lot

L'Association de coopération interrégionale « Les Chemins de Saint-Jacques de Compostelle » (ACIR), créée à l'initiative de la région Midi-Pyrénées, avec le soutien des régions Aquitaine et Languedoc-Roussillon et de la Ville de Toulouse, réunit des collectivités locales, offices de tourisme, associations, qui ont décidé d'œuvrer en commun pour la revitalisation des chemins vers Compostelle. Elle agit sous l'égide du Conseil de l'Europe et de l'UNESCO, afin de promouvoir ces patrimoines au titre de leurs reconnaissances contemporaines : l'Itinéraire Culturel et le Patrimoine Mondial. Cette association parapublique et professionnelle a pour missions : la réhabilitation des anciennes voies de pèlerinage, la formation des prestataires de l'accueil, la vulgarisation de la thématique par des actions et de la médiation culturelles (expositions, ingénierie, conseils, pédagogie), la diffusion de documentation à destination d'un large public…

Les Chemins de Saint-Jacques-de-Compostelle en France

Cheminements pédestres existants
Cheminements pédestres en projet
Principaux Chemins historiques

de Paris à St-Jacques : 1743 km
de Vézelay à St-Jacques : 1878 km
du Puy à St-Jacques : 1522 km
d'Arles à St-Jacques : 1588 km

Découvrir
les voies jacquaires

Plaque située place du Plot / photo L. Olivier

Quatuor viae sunt...

Selon le *Guide du pèlerin de Saint-Jacques-de-Compostelle*, rédigé vers 1140, « il y a quatre chemins qui conduisent à Saint-Jacques ».
Ce guide, destiné aux pèlerins venant de France ou d'au-delà, néglige les voies venant du sud ou de l'est de la péninsule Ibérique.

Le premier chemin prend son départ à Arles et gagne l'Espagne par le col du Somport après avoir traversé Saint-Gilles-du-Gard, Montpellier et Toulouse.
Ce chemin, dit « via tolosana » ou « via egidiana », est une véritable cascade de pèlerinages mineurs : saint Trophime, saint Césaire, saint Honorat et saint Genès à Arles et Trinquetaille, saint-Gilles du-Gard, Saint-Guilhem-du-Désert, les saints Tibère, Modeste et Florence à Saint-Thibery, enfin, saint Sernin à Toulouse. Le *Guide* est muet sur le trajet à suivre de Montpellier jusqu'à Toulouse et ne donne pas davantage de précision sur celui de Toulouse au col du Somport où commence le « chemin aragonais ».

Notre-Dame du Puy-en-Velay / photo L. Olivier

Le second chemin est notre « via podiensis », qualifiée de route « des bourguignons et des teutons ». Ne citant que Conques et Moissac comme étapes entre le Puy et Ostabat, le *Guide* laisse planer bien des incertitudes sur son tracé précis...

Le troisième chemin est celui « qui traverse Sainte-Marie-Madeleine de Vézelay, Saint-Léonard en Limousin, et la ville de Périgueux ». Selon le *Guide*, le chemin passe par Limoges. Par contre, aucun jalon n'est posé entre Périgueux et Ostabat.

Le quatrième chemin est la « via turonensis ». La grande dévotion est celle de saint Martin-de-Tours, apôtre des Gaules, antérieure à celle de saint Jacques : le chemin de Saint-Jacques n'est (comme l'affirmait R. de La Coste-Messelière) que « chemin de Saint-Martin retourné » ! Après Tours, les pèlerins se rendaient à Poitiers (saint Hilaire), Saint-Jean-d'Angély, Saintes (saint Eutrope) puis gagnaient Blaye et franchissaient la Gironde pour atteindre Bordeaux, traverser les Landes, rejoindre les deux précédents à Ostabat et former le « chemin navarrais », amorce du « chemin français » qui conduit jusqu'à Compostelle par Logrono, Burgos, Leon, Astorga, Ponferrada et le col d'O Cebreiro. La route du Puy, entre ces quatre chemins, n'est donc pas la mieux décrite par le *Guide*. Elle est cependant l'une des deux les mieux connues (avec celle de Tours) par les études qui lui ont été consacrées. Elle est, grâce à celles-ci, la première à avoir été classée Sentier de Grande Randonnée au plus près (compte tenu des impératifs contemporains) de la réalité historique. Elle est aussi la plus attachante à parcourir par la beauté sauvage de certains de ses tronçons et la majesté des grands monuments de foi qui la jalonnent.

LA VIERGE NOIRE À LA CATHÉDRALE DU PUY / PHOTO M. WASIELEWSKI

STATUE DE SAINT JACQUES À LA CATHÉDRALE NOTRE-DAME DE FRANCE / PHOTO M. WASIELEWSKI

Découvrir le sentier vers Saint-Jacques-de-Compostelle

Un pays de hautes terres

PHOTOS DE GAUCHE À DROITE : L. OLIVIER (1, 2), J.-F. SALLES (3, 4)

Velay, Margeride, Aubrac... Cette succession de modestes massifs montagneux est en fait l'émergence d'une mosaïque de petites régions naturelles qui s'égrènent de la Haute-Loire jusqu'aux confins du Rouergue et de l'Aveyron, lorsque le plateau d'Aubrac vient s'échouer brutalement sur le tapis vert du pays d'Olt.

Le **Velay**, une plate-forme **volcanique**

Dressée autour de la ville du Puy-en-Velay, une succession de volcans dessine sur l'horizon une ligne de crête presque ininterrompue. C'est ici que commence le pays vellave, large plate-forme volcanique dont Le Puy occupe la dépression centrale. De cette terre qui durant des millions d'années a rougeoyé du feu de ses volcans, George Sand disait : « Ce n'est pas la Suisse, c'est moins terrible ; ce n'est pas l'Italie, c'est plus beau. » Aujourd'hui, le Velay se présente comme une moyenne montagne à près de 1 000 mètres d'altitude, composée de vastes plateaux basaltiques. Ceux-ci résultent de l'accumulation progressive de coulées basaltiques qui sont venues recouvrir le socle granitique. En effet, il y a environ un million d'années, de gigantesques explosions issues des mouvements alpins et pyrénéens sont venues bouleverser le paysage du Massif central. La région conserve ainsi les témoignages pétrifiés des explosions de magma incandescent jaillis de la bouche des volcans auvergnats. Ici et là, des coulées de lave brusquement refroidies ont sculpté en longues colonnes prismatiques de grandes orgues silencieuses qui s'accrochent aux parois rocheuses. Au sud-ouest du territoire, la chaîne du Devès domine le pays vellave, alignant ses quelque 150 volcans qui sont venus marquer le paysage de leurs

La région du Velay / photo L. Olivier

scories noires et rougeâtres. Orientée selon un axe nord-ouest sud-est, la ligne de crête marque le partage des eaux entre les bassins de la Loire au nord et de l'Allier au sud.

Le Velay offre une vaste planèze herbeuse au sol rougeâtre où poussent quelques maigres cultures de blé, de seigle et de lentilles. La chaîne du Devès, au climat rude et continental, porte des pâturages et des cultures de blé, d'orge et de lentilles. Ce haut pays tabulaire est dominé par des collines couronnées de bois de pins sylvestres, d'épicéas et de hêtres.Hérissé de ses orgues basaltiques, ses à-pic rocheux, ses pitons formés de laves pâteuses, le pays vellave déroule une palette de sites spectaculaires, sauvages et souvent désolés. Parcouru de chemins ancestraux et de drailles oubliées (pistes de transhumance empruntées par les troupeaux), le Velay fut de tous temps une terre de passage. Au fil du chemin, on voit se dessiner la marque de ces larges pistes qui déroulent leur ruban rectiligne le long des pentes abruptes et au sommet des crêtes.

Le pays de la lentille verte du Puy AOP / photo L.Olivier

La **Margeride**, une lande jonchée de **granit**

SAUGUES. LA CROIX EN MARGERIDE / PHOTO L. OLIVIER

Aux confins de la Haute-Loire, les monts du Velay cèdent la place aux dômes verts et sauvages de la Margeride. Ce massif montagneux jalonné de formes arrondies, drainé par les affluents de l'Allier et de la Truyère, se trouve à cheval sur le Cantal, la Haute-Loire et la Lozère. Nous sommes ici au cœur du Gévaudan historique, désert silencieux où le granit à gros cristaux s'accapare l'immensité de l'espace, sous un ciel dont le bleu métallique raconte la rudesse de l'hiver et la brièveté de l'été. Partout, d'énormes blocs cristallins jonchent la lande, s'amoncellent en pyramides instables, s'éparpillent à travers champs ou sèment des taches claires au cœur des rares forêts de sapins.

Contrairement à l'idée qui a cours, la Margeride n'est pas un massif ancien mais une montagne récente née de la même poussée que les Alpes il y a 320 millions d'années. Ce bloc de roches cristallines et métamorphiques s'est trouvé puissamment fracturé et de cette violente poussée a surgi la « Montagne » au centre du massif, trônant à 1 551 m. Cette lourde échine granitique de quelques kilomètres de large s'étire sur plus de 50 kilomètres. Elle domine un paysage de collines aux formes adoucies, modelé par un interminable travail d'érosion. Le relief général conserve une forme d'uniformité débonnaire aux courbes sans violence ni coupure brutale.

LES MAISONS EN MARGERIDE / PHOTO J.-F. SALLES

PAYSAGE DE LA MARGERIDE / PHOTO L. OLIVIER

Le passage d'une colline à l'autre se sent à peine et les quelques cols ne sont rien de plus que de modestes échancrures.La Margeride offre ses vastes espaces herbagers où dominent les landes à genêts, à bruyères, à callunes et à myrtilles, entrecoupées parfois d'une insolite savane de fougères géantes. Résultant des derniers bouleversements glaciaires, les bas-fonds humides abondent en tourbières. Les landes inhabitées se voient progressivement reboiser d'arbres à croissance rapide. Le climat pluvieux et froid combiné à l'acidité du sol granitique favorise le déploiement de forêts sous forme de futaies irrégulières mélangeant les essences : hêtres, pins sylvestres, épicéas et sapins. Au fil des siècles, l'homme s'est adapté à ce milieu hostile, s'implantant avec opiniâtreté face aux rudes conditions de vie : hiver interminable et enneigé, isolement et pauvreté des sols exigeant une mise en jachère fréquente.

LES MONTS DE MARGERIDE / PHOTO J.-F. SALLES

La Margeride est constellée de petites localités dont l'organisation témoigne de cette adaptation. À proximité des villages s'étendent les prairies de fauche et les terres de labour, tandis que plus haut les pâturages se lancent à l'assaut des versants.Ici, les chemins séculaires conservent la mémoire des anciens parcours des troupeaux de moutons, mais aussi du passage des Gaulois, du cheminement des pèlerins de Compostelle, et plus récemment des activités clandestines des maquisards de la Résistance.

L'**Aubrac**, une prairie **naturelle**

Plus aride et plus désolé que la Margeride, l'Aubrac est une bande montagneuse née d'une immense coulée de lave, qui se dresse entre les vallées du Lot et de la Truyère. À cheval entre Margeride et Aubrac, le pays de Peyre ou « pays de pierre » est le domaine privilégié de cette belle pierre grise aux gros cristaux sublimant la moindre

PAYSAGE DE L'AUBRAC / PHOTO J. GRIBBLE

maisonnette. Grande table basaltique, l'Aubrac s'étire sur une quarantaine de kilomètres en une échine molle découpée en « montagnes » et devèzes. Légèrement relevé du nord-ouest vers le sud-est, ce pays résulte de la superposition de vastes épanchements de coulées basaltiques recouvrant la vieille pénéplaine. La calotte glaciaire de l'ère quaternaire est venue adoucir encore ce relief déjà émoussé. Ici, l'horizon s'arrondit en mamelons tapissés de landes vertes et grises sous un ciel qui semble vouloir s'accaparer l'espace. Jamais monotone, le paysage se ponctue de gros blocs erratiques, dont les plus spectaculaires sont volcaniques, plantés verticalement ou lourdement couchés au sol. Parfois, le basalte noir ressurgit en alvéoles prismatiques déposées par d'ancestrales fontaines de lave incandescente. Ici et là, apparaissent petits lacs, tourbières et ruisseaux serpentant à l'infini. Jadis, une grande partie de l'Aubrac disparaissait sous la forêt primitive de hêtres. Seuls les versants les plus abrupts du plateau en conservent quelques vestiges, l'ensemble du paysage ayant été remodelé pour les besoins de l'implantation humaine.

L'AUBRAC DU CÔTÉ DE MARCHASTEL / PHOTO J.-F. SALLES

À l'initiative des moines de la domerie d'Aubrac et de l'abbaye cistercienne de Bonneval, les prairies ont, depuis le Moyen Âge, progressivement remplacé les bois. Les rigueurs du climat et la pauvreté du sol laissent peu de place à la culture et l'Aubrac décline à l'infini ses terres à pâturages, piquetées

de forêts où dominent le chêne, le hêtre, le sapin et l'épicéa. À proximité des villages, des zones de bas-fonds humides sont monopolisées par les prairies de fauche. Plus haut commencent les aires de pâturages, les estives, souvent ceinturées de murettes de pierre sèche.
Traversé par l'antique voie romaine d'Agrippa, porte de passage entre Auvergne et Languedoc, ce pays rude balayé par les vents fut de tous temps sur la route de grandes migrations.

Vie pastorale et **tradition**

LES SOLITUDES DÉSERTES DE L'AUBRAC / PHOTO J. GRIBBLE

Profondément marquées par la rudesse du climat, l'ensemble de ces régions montagneuses ponctuées de fermes isolées maintiennent plus ou moins une vie pastorale traditionnelle. La culture de céréales a aujourd'hui considérablement reculé et le secteur agricole s'est reconverti vers le pâturage et l'activité bovine. Bien que l'élevage, la polyculture et l'exploitation forestière constituent l'essentiel de son économie, la Haute-Loire accuse un dépeuplement rural considérable, au profit de la plaine, des villes du sud et de l'Auvergne. Le rayonnement de la ville du Puy-en-Velay, assis notamment sur la réputation de sa dentelle, appartient désormais au passé.
En Margeride, l'activité agricole, remarquable pour son exceptionnelle faculté d'adaptation, se spécialise dans l'élevage, bovin essentiellement, complété par l'exploitation forestière et l'exploitation potentielle de ses réserves d'uranium. Comme en Aubrac où les solitudes désertes ne sont interrompues que par quelques villages esseulés, les activités traditionnelles disparaissent peu à peu du paysage. Aujourd'hui, il apparaît pour l'ensemble de la région, que son potentiel futur réside essentiellement dans le développement de son activité touristique et l'artisanat traditionnel.

RANDONNEURS SUR L'AUBRAC / PHOTO L. OLIVIER

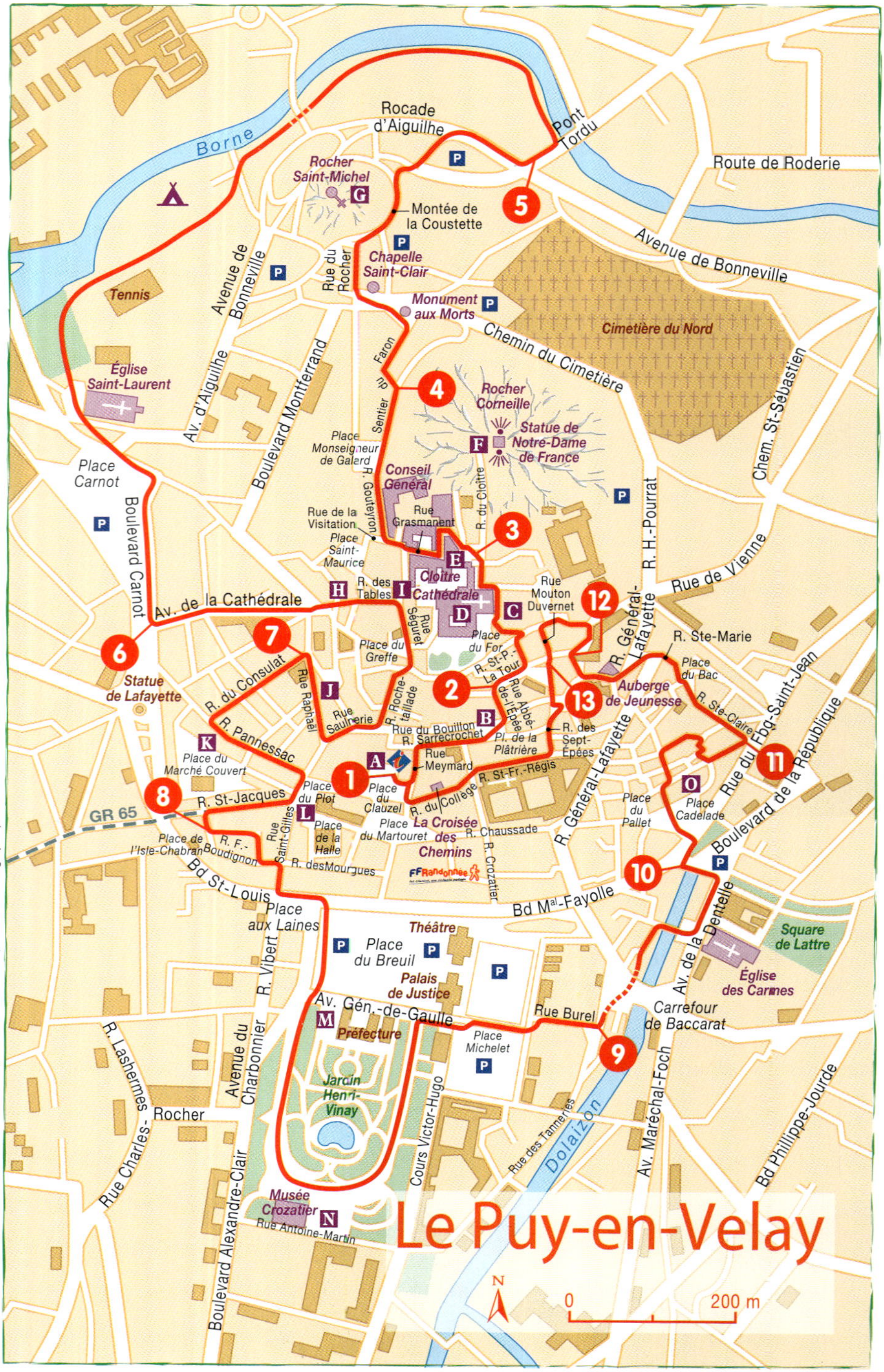

Le Puy-en-Velay
Rocade d'Aiguilhe
Pont Tordu
Route de Roderie
Borne
Rocher Saint-Michel
Montée de la Coustette
Chapelle Saint-Clair
Monument aux Morts
Avenue de Bonneville
Cimetière du Nord
Chemin du Cimetière
Tennis
Église Saint-Laurent
Av. d'Aiguilhe
Boulevard Montferrand
Rue du Rocher
Sentier du Faron
Rocher Corneille
Statue de Notre-Dame de France
Chem. St-Sébastien
Place Carnot
Boulevard Carnot
Place Monseigneur de Galard
Conseil Général
R. Gouteyron
R. du Cloître
Rue de la Visitation
Place Saint-Maurice
Rue Grasmanent
R. H.-Pourrat
Rue de Vienne
Cloître
Cathédrale
R. des Tables
Rue Mouton Duvernet
R. Général-Lafayette
R. Ste-Marie
Av. de la Cathédrale
Place du Greffe
Rue Séguret
Place du For
R. St-P.-La Tour
Place du Bac
Statue de Lafayette
R. du Consulat
Rue Raphaël
Rue Saulnerie
R. Roche-taillade
Rue Abbé-de-l'Épée
Auberge de Jeunesse
R. Ste-Claire
Rue du Fbg-Saint-Jean
R. Pannessac
Place du Marché Couvert
Rue du Bouillon
R. Sarrecrochet
Pl. de la Plâtrière
R. des Sept-Épées
Boulevard de la République
Rue Meymard
R. St-Fr.-Régis
Place du Plot
Place du Clauzel
R. du Collège
R. Général-Lafayette
Place du Pallet
Place Cadelade
R. St-Jacques
GR 65
Rue Saint-Gilles
Place de la Halle
Place du Martouret
La Croisée des Chemins
R. Chaussade
Place de l'Isle-Chabran
R. F.-Boudignon
R. desMourgues
R. Crozatier
Bd St-Louis
Place aux Laines
Bd Mal-Fayolle
Av. de la Dentelle
Square de Lattre
Théâtre
Place du Breuil
Palais de Justice
Église des Carmes
R. Vibert
Av. Gén.-de-Gaulle
Préfecture
Rue Burel
Carrefour de Baccarat
Place Michelet
R. Lashermes
Avenue du Charbonnier
Jardin Henri-Vinay
Cours Victor-Hugo
Rue des Tanneries
Dolaizon
Av. Maréchal-Foch
Bd Philippe-Jourde
Rue Charles-Rocher
Boulevard Alexandre-Clair
Musée Crozatier
Rue Antoine-Martin
FFRandonnée
0
200 m
N
1
2
3
4
5
6
7
8
9
10
11
12
13
A
B
C
D
E
F
G
H
I
J
K
L
M
N
O

Prélude au Saint-Jacques

Le Puy-en-Velay mérite une journée de préparation au Saint-Jacques, indispensable avant de s'élancer sur le GR® 65 ! Ce circuit, quasiment intra-muros, est une excellente préparation au grand départ vers Compostelle. Une journée « prélude » permettant de découvrir les trésors de la ville.

1 **Place du Clauzel** (A), face à l'office du tourisme, prendre à droite la rue Meymard. Monter dans cette rue pavée, puis virer à droite rue du Bouillon. Déboucher **place de la Plâtrière** (B). Aller en face, à gauche de l'ancienne chapelle de la Visitation ; puis tourner à gauche rue Abbé-de-l'Épée.

2 Prendre à droite pour déboucher rue Saint-Pierre-de-La-Tour. Traverser pour continuer dans la rue Boudon-Lashermes en face. Passer sous des maisons et arriver dans une rue perpendiculaire. Aller à droite quelques mètres pour continuer de grimper par la Montée du Cloître. Parvenir place du For *(panorama sur la ville du Puy-en-Velay)* devant une des entrées de la **cathédrale** (D). Contourner cette dernière par la droite, **rue de la Manécanterie** (C) ; puis à gauche pour arriver devant le **cloître** (E) et au pied de la **statue de Notre-Dame-de-France** (F).

3 Suivre la rue Grasmanent qui descend à gauche. Obliquer à gauche et parvenir à l'angle des rues Becdelièvre et de la Visitation. Emprunter cette dernière sur 50 m puis tourner à droite rue Gouteyron. Devant le Conseil Général, aller tout droit jusqu'à découvrir un escalier sur la gauche.

4 S'engager dans cet escalier qui permet d'accéder au Sentier de Farron et au bourg d'Aiguilhe. Au monument aux morts, aller à gauche jusqu'à la chapelle Saint-Clair. Continuer à droite rue du Rocher et, au pied de ce **Rocher Saint-Michel** (G), virer à droite. Descendre à gauche pour déboucher sur l'esplanade au pied du Rocher. Traverser la Rocade d'Aiguilhe par le passage piéton puis partir à droite 100 m pour rejoindre le pont Tordu.

5 À l'entrée du pont, descendre à gauche et suivre la rive de la Borne. Passer sous une route, suivre le chemin à droite vers les terrains de tennis et parvenir dans un parc. Dans ce dernier, aller vers la gauche pour rejoindre l'entrée de l'église Saint-Laurent. Continuer tout droit en traversant aux feux pour remonter le boulevard Carnot.

6 Tourner à gauche avenue de la Cathédrale, remonter celle-ci puis la **rue des Tables** (H) jusqu'aux escaliers de la **cathédrale** (I). Tourner à droite rue Séguret. Après la place du Greffe, descendre par la rue Roche-Taillade. En bas des escaliers, poursuivre à droite rue Saulnerie puis bifurquer dans la seconde rue à droite, la **rue Raphaël** (J).

7 Descendre à gauche rue du Consulat. Déboucher **rue Pannessac** (K) et la suivre à gauche. **Place du Plot** (L), tourner à droite et découvrir à droite la rue Saint-Jacques ; s'y engager. Tourner à gauche dans la rue Felix-Boudignon, sur 30 m, puis remarquer à gauche un passage sous les bâtiments.

PR

FACILE

2H • 6,8KM

S SITUATION
Office du tourisme, place du Clauzel
Coordonnées UTM : 31 T 0569633 4988165

P PARKING
place Michelet et place du Breuil

/ DÉNIVELÉE
altitude mini et maxi, dénivelée cumulée à la montée

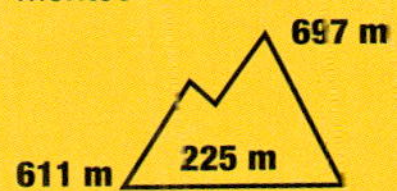

B BALISAGE
jaune (PR 673)
Label Respirando

À DÉCOUVRIR...

> En chemin :
- Hôtel-Dieu : musée interactif
- le Camino
- cathédrale Notre-Dame-de-l'Annonciation
- statue Notre-Dame-de-France
- cloître roman
- chapelle Saint-Michel-d'Aiguilhe
- musée Crozatier
- La Croisée des Chemins

8 Emprunter ce passage pour déboucher place de l'Isle-Chabran. Ressortir au bout de celle-ci par une étroite ruelle sur la droite. Rejoindre la rue Saint-Gilles et la suivre à droite. Sur le boulevard, traverser au passage piéton sur la gauche pour atteindre la place du Breuil. Traverser cette dernière puis entrer dans le **jardin Henri-Vinay** (M). Suivre l'allée principale jusqu'au **musée Crozatier** (N) puis obliquer vers la gauche et ressortir avenue du Général-de-Gaulle. Prendre à droite (passage piéton) pour atteindre puis traverser la place Michelet. Continuer tout droit rue Burel.

9 Au bout de cette rue, prendre à gauche la partie de la rue des Tanneries qui descend légèrement pour passer sous le carrefour de Baccarat (passage sous la route). Aller ensuite tout droit jusqu'au pont au-dessus du Dolaizon. L'emprunter et, après ce dernier, virer à gauche une première fois face à l'église des Carmes puis une seconde au feu. Arriver à un carrefour.

10 Traverser à droite sur le passage piéton puis à gauche sur le second passage pour aboutir sur la place Cadelade. Passer à droite de la fontaine pour découvrir la petite rue Traversière-Cadelade qui entre dans le **quartier du Pouzarot (**O). S'y engager puis virer à droite et de suite à gauche toujours rue Traversière-Cadelade. Prendre la seconde à droite, la rue Sous-Sainte-Claire. À l'embranchement, descendre d'abord à droite puis tourner à gauche rue Droite ! Parvenir au pied d'une grande fresque sur le Puy-en-Velay, rue du Faubourg-Saint-Jean.

11 Prendre la première rue à gauche. Monter dans cette rue Sainte-Claire jusqu'à la place du Bac. Grimper en face rue Sainte-Marie et après les escaliers, parvenir dans le virage de la rue du Général-Lafayette. Traverser sur le passage piéton et monter à gauche. Devant l'auberge de jeunesse, suivre les escaliers à droite.

12 Tourner de suite à droite dans la très étroite rue Derrière-l'Ancien-Musée. Au bout de celle-ci, rue Anne-Marie-Martel, monter à gauche. Descendre à gauche rue Mouton-Duvernet et arriver après quelques marches place Saint-Pierre-de-la-Tour.

13 La traverser vers la gauche pour descendre l'escalier qui rejoint une rue. À l'embranchement, aller à gauche pour retrouver des escaliers. Au pied de ceux-ci, poursuivre rue des Sept-Épées et au bas de celle-ci, suivre la rue Saint-François-Régis à droite puis au bout, la rue du Collège *(voir, au 21, la Croisée des Chemins®)* qui débouche place du Clauzel.

LA BORNE ET LE ROCHER D'AIGUILHE / PHOTO L. OLIVIER

PATRIMOINE BÂTI

LES TRÉSORS DU PUY-EN-VELAY

Place du Clauzel

Le Clauzel, « petit enclos » en languedocien, était un cimetière destiné à l'inhumation des pauvres de l'Hôtel-Dieu. Il fut désaffecté en 1654. Un marché à la brocante se tient en ce lieu le samedi matin.

Place de la Plâtrière

Jadis une carrière de plâtre. De la place, on peut voir l'ancienne chapelle de la Visitation (XVIIe siècle) et la maison natale de Jules Vallès (1832-1855), auteur notamment de la trilogie autobiographique Jacques Vingtgras : L'Enfant, Le Bachelier, L'Insurgé.

Place du Plot et rue Saint-Jacques

Cœur de la ville historique, la place du Plot est intimement liée à d'anciennes voies de pèlerinages : la Regordane vers Saint-Gilles-du-Gard, la Via Podiensis vers Saint-Jacques-de-Compostelle.

Au centre de la place, la fontaine de la Bidoire est la plus ancienne de la ville.

Le samedi matin, c'est le lieu du marché des produits fermiers locaux, dont la « vedette » incontestée est le fromage aux « artisous ».

LE CAMINO / PHOTO L. OLIVIER

Le Camino

En partance sur le GR® 65, Chemin de Saint-Jacques-de-Compostelle, ou curieux de découvrir les émotions qu'il procure, le Camino vous propose, en moins d'une heure, de visualiser le « Chemin des étoiles » et les étapes qui jalonnent la route vers ce lieu mythique de Compostelle. Le Camino est aussi un lieu d'accueil, de conseils et de rencontres pour le pèlerin.

PLACE DU PLOT / PHOTO L. OLIVIER

La cathédrale

La cathédrale Notre-Dame a été classée en 1840 comme édifice majeur du patrimoine national sur la première liste des monuments historiques. Depuis 1998, au titre des chemins de Saint Jacques, l'édifice est inscrit par l'Unesco au patrimoine mondial de l'Humanité, de même de l'Hôtel-Dieu.

Siège épiscopal et centre actif du pèlerinage marial, placée au départ du « Grand Chemin », la cathédrale est fréquentée tout au long de l'année par de nombreux fidèles, pèlerins, visiteurs (environ 500 000 personnes annuellement).

C'est un monument fortement remanié au cours des siècles. Le XIXe siècle, notamment, l'a quelque peu idéalisé en lui conservant cependant ses principales caractéristiques.

Après une première église construite au Ve siècle, la cathédrale a été édifiée sur le mont Anis, en forme de croix latine à six travées. Seul le chœur repose sur le rocher, les deux travées suivantes ont été bâties sur du remblai gallo-romain.

Au XIIe siècle, l'afflux des pèlerins conduit à asseoir quatre travées supplémentaires au-dessus d'un porche voûté, pour compenser la pente du mont Anis. Surmontées de coupoles, elles reposent sur d'énormes piliers.

De 1994 à 1999, une restauration d'ensemble a permis la restitution de l'escalier central fermé au XVIIIe siècle, la réfection des parements intérieurs, des peintures murales et des verrières afin de redonner de la lumière à l'édifice, le remontage sur une tribune neuve au fond de la nef de l'orgue avec son buffet à double face du XVIIe siècle.

Un nouvel autel a été placé à la croisée du transept, tandis que l'autel des « pèlerins », contre le mur est, porte la « Vierge Noire ».

LA CATHÉDRALE CÔTÉ CLOÎTRE ET MACHICOULIS / PHOTO L. OLIVIER

Dans la cathédrale

La statue de la Vierge Noire (XVIIe siècle) évoque la joie de la Mère de Dieu présentant son fils Jésus. L'actuelle statue était auparavant vénérée dans le monastère de la Visitation. Elle fut couronnée par l'évêque du Puy le 8 juin 1856, jour anniversaire de la destruction de la précédente, brulée le 8 juin 1794. Le culte voué à l'antique Vierge s'est dès lors reportée sur la nouvelle et perdure de nos jours, comme en témoignent les processions mariales qui chaque année, aux fêtes de l'Assomption du 15 août, rassemblent dans les rues de la ville des milliers de fidèles.

Admirez les fresques et les peintures dans le transept nord : les saintes femmes au tombeau, le martyre de sainte Catherine d'Alexandrie et à l'étage supérieur l'archange saint Michel terrassant le dragon (XIe siècle). La peinture murale des Arts Libéraux, située dans la chapelle des reliques, fut découverte en 1850, sous un épais badigeon, par l'écrivain Prosper Mérimée chargé à l'époque par les pouvoirs publics d'une mission sur les monuments historiques. Ce chef-d'œuvre de la fin du XVe siècle, très influencé par l'art flamand, ne présente plus que quatre des sept arts initialement représentés : la grammaire, la logique (avec Aristote), la rhétorique (avec Cicéron) et la musique.

Le cloitre de la cathédrale

Classé monument historique en 1862, le cloître fut édifié progressivement au XIIe siècle selon un plan rectangulaire. Ses galeries et son jardin devaient préserver le calme nécessaire à la vie spirituelle des chanoines. Après plusieurs transformations, le cloître retrouva son aspect originel au XIXe siècle. Son décor polychrome et ses sculptures en font l'un des cloîtres romans les plus remarquables d'Europe (154 chapiteaux sculptés).

Dans la salle des États du Velay, on découvre une exceptionnelle collection de broderies et d'ornements liturgiques dont la richesse des pièces couvre l'ensemble des techniques du XVe au XIXe siècles.

L'Hôtel-Dieu

Lié au pèlerinage et au sanctuaire marial, l'Hôtel-Dieu, fondé au XIIe siècle pour l'accueil des malades, est classé par l'Unesco au patrimoine mondial de l'Humanité au titre des chemins de Saint-Jacques-de-Compostelle. Réhabilité, c'est aujourd'hui un lieu majeur (musée interactif...).

PHOTO L. OLIVIER

Rocher et chapelle Saint-Michel-d'Aiguilhe

L'un des sites issus du volcanisme les plus étonnants de France ! Le rocher, d'une hauteur de 82 m, et la chapelle Saint-Michel constituent un ensemble exceptionnel. Prouesse technique et humaine, la chapelle édifiée en 961 vit le jour grâce à l'évêque du Puy, Gothescalk, qui en décida la construction à son retour d'un pèlerinage à Saint-Jacques-de-Compostelle. Découvert en 1955 pendant les travaux de réfection de l'autel, le trésor est constitué de reliques (Christ, tissus, coffret en ivoire) remontant aux origines de la construction.

UNE FACADE DE LA RUE PANNESSAC / PHOTO L. OLIVIER

Statue Notre-Dame-de-France

Érigée en 1860, elle a été créée avec le métal de 213 canons pris aux Russes lors de la guerre de Crimée et offerts par Napoléon III. Œuvre de J.-M. Bonnassieux, elle mesure 16 m (22,70 m avec le piédestal) pour un poids total de 835 tonnes. La plate-forme offre un panorama unique sur la ville et la région. Des travaux de rénovation permettent d'accéder à la « Couronne », avec une vue à 360°.

Place et rue des Tables

Avec la fontaine du xve siècle dite du « choriste », la rue des Tables a été ainsi nommée car les jours de fêtes religieuses, les marchands de la ville installaient sur sa pente leurs « tables » chargées d'objets religieux.

Rue Raphaël

Au numéro 38, le centre d'enseignement de la Dentelle au Fuseau poursuit deux missions essentielles : le maintien de la tradition et de la pratique par l'enseignement et la sauvegarde du patrimoine dentellier.

Rue Pannessac

Ancienne rue du commerce des graines, elle a conservé de nombreux logis du XVe au XVIIIe siècle. Une des rues les plus commerçantes de la ville.

Le jardin Henri-Vinay

Havre de paix et de sérénité au cœur de la ville, le jardin Henri-Vinay, dit « Fer à cheval » en raison de sa forme, compte plus de 400 arbres dont certains de plus d'un siècle.

Le musée Crozatier

Aménagé durant la seconde moitié du XIXe siècle, il se situe dans le jardin Henri-Vinay. Les collections sont très diversifiées et revêtent un caractère encyclopédique remarquable. Elles sont présentées dans des galeries consacrées à l'archéologie, aux beaux-arts, à l'ethnologie et à la dentelle, à la paléontologie, aux sciences naturelles et à la mécanique. Totalement rénové, le musée rouvrira ses portes fin 2015 avec une nouvelle muséographie.

Le Pouzarot

L'un des quartiers les plus anciens de la ville, remarquablement réhabilité, il a su conserver son cachet caractéristique. Les hautes murailles du monastère Sainte-Claire (XVe siècle) dominent des ruelles pittoresques.

LA RUE RAPHAËL / PHOTO L. OLIVIER

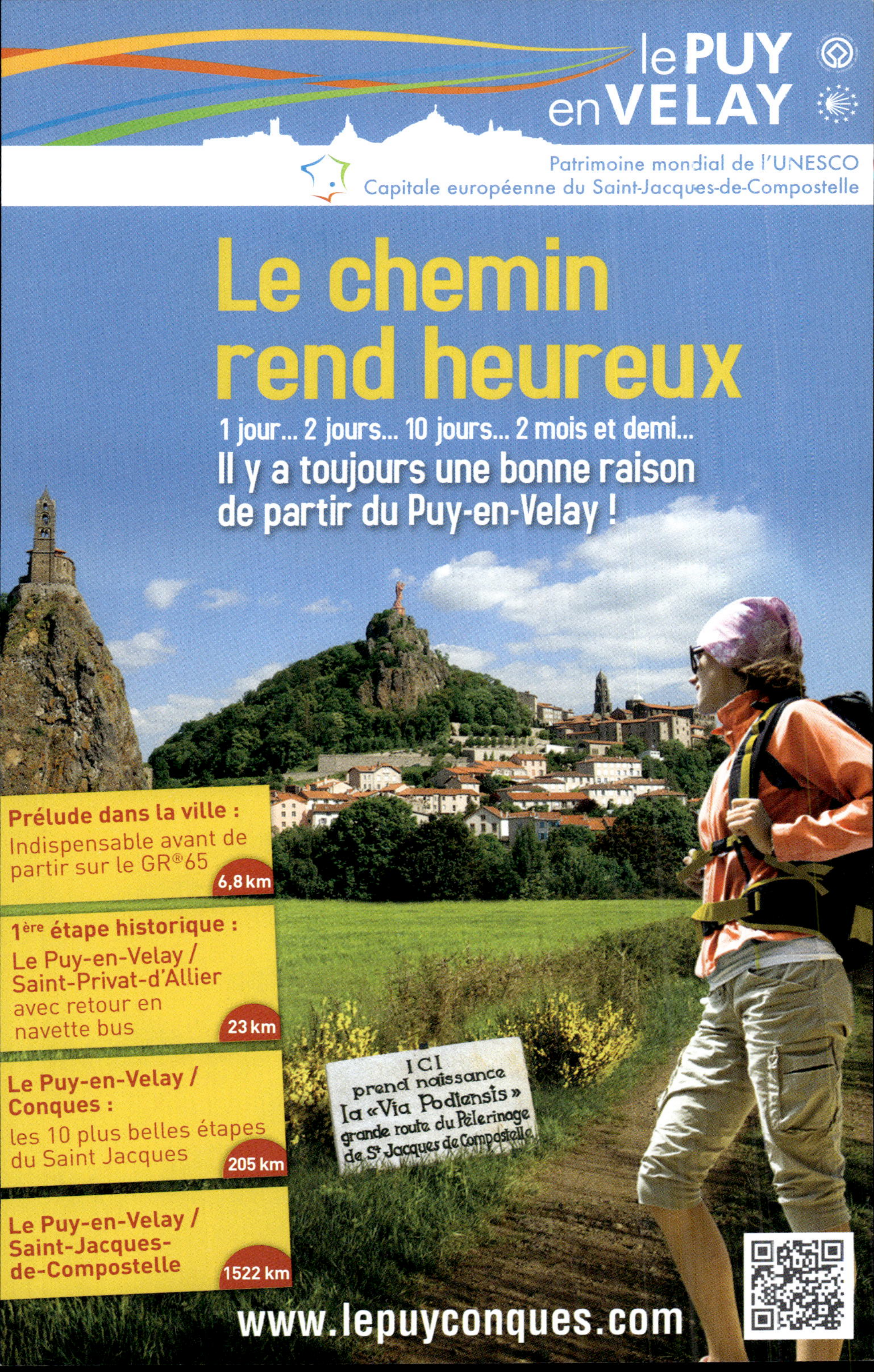
le PUY en VELAY
Patrimoine mondial de l'UNESCO
Capitale européenne du Saint-Jacques-de-Compostelle
Le chemin rend heureux
1 jour... 2 jours... 10 jours... 2 mois et demi...
Il y a toujours une bonne raison de partir du Puy-en-Velay !
Prélude dans la ville : Indispensable avant de partir sur le GR®65
6,8 km
1ère étape historique : Le Puy-en-Velay / Saint-Privat-d'Allier avec retour en navette bus
23 km
Le Puy-en-Velay / Conques : les 10 plus belles étapes du Saint Jacques
205 km
Le Puy-en-Velay / Saint-Jacques-de-Compostelle
1522 km
ICI prend naissance la «Via Podiensis» grande route du Pèlerinage de St Jacques de Compostelle
www.lepuyconques.com

Le Puy-en-Velay

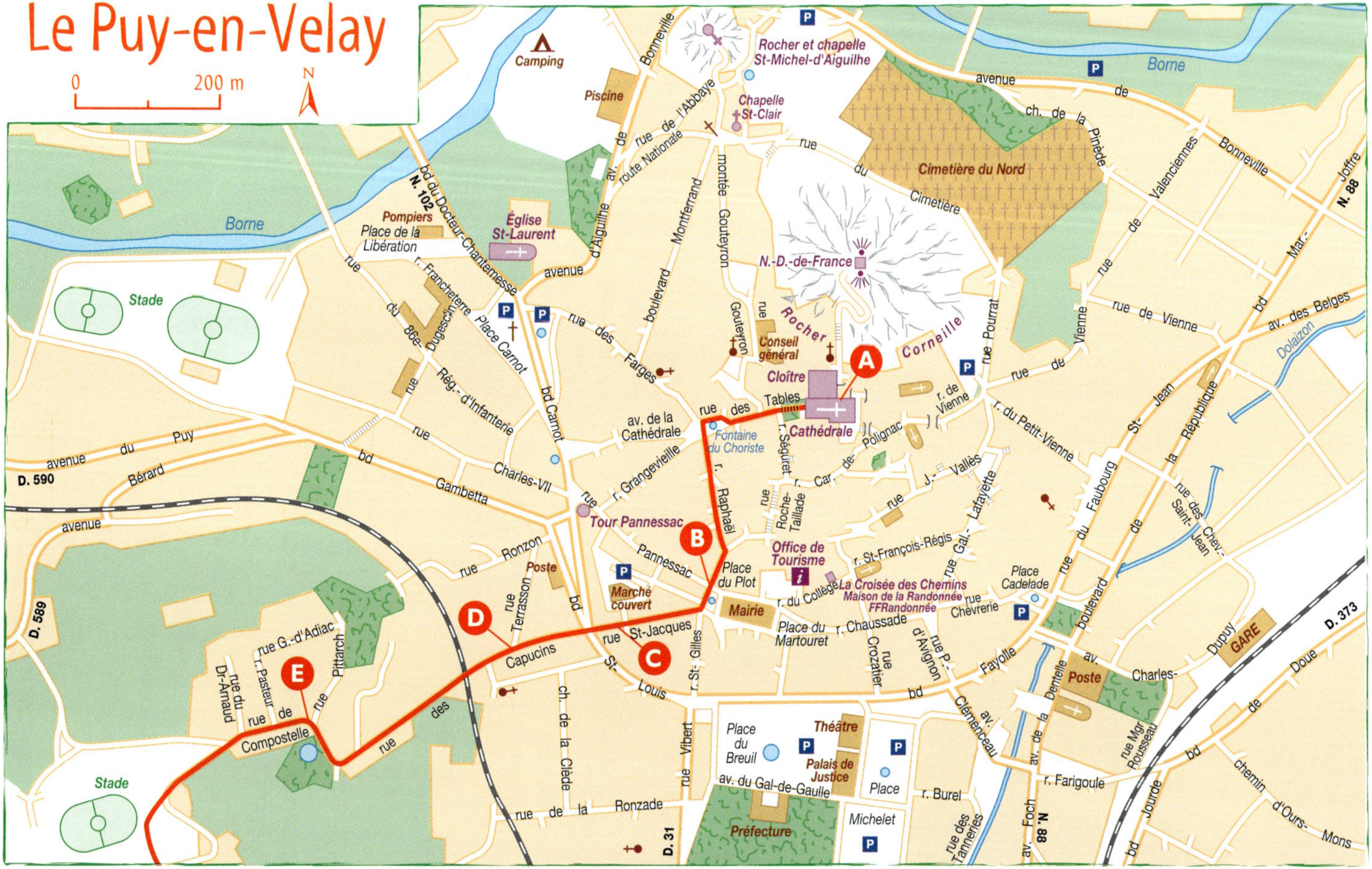

Le sentier GR® 65
Du Puy à Figeac

Du Puy-en-Velay à La Roche

5,5 km | 1 h 15

Au Puy >

Au Puy-en-Velay (625 m), le GR® 65 part de la cathédrale **A**.

> Succédant à des monuments antérieurs (gallo-romain, v^e^ et IXe siècles), l'église actuelle fut bâtie au XIe siècle et à la fin du XIIe siècle. Au style roman, sobre et austère, s'ajoutent les influences arabes et byzantines. Le clocher est indépendant, le baptistère Saint-Jean, du Xe siècle, lui fait face et un magnifique cloître roman se développe contre le mur nord de l'église. Dans la sacristie : livre d'or réservé aux pèlerins et randonneurs.

Emprunter les grands escaliers, descendre la rue des Tables et, juste après avoir dépassé la fontaine dite du Choriste (XVe), prendre à gauche la rue Raphaël débouchant 300 m plus loin sur la place du Plot **B** [> très ancienne place du Puy dotée d'une fontaine construite en 1246. Chaque samedi, marché pittoresque sur la place et aux alentours].

Prendre la rue Saint-Jacques à droite [> au n° 47 **C**, vestiges d'un ancien oratoire dédié à saint Jacques ; un hôpital Saint-Jacques, mentionné dès 1253 existait « hors les murs » à l'entrée de la rue des Capucins], la rue des Capucins [> à l'intersection de la première rue à droite **D**, croix du faubourg Saint-Jacques du XVIe siècle, avec piédestal de 1772 ; latéralement, représentation de saint Jacques et d'un pèlerin], puis la rue de Compostelle **E**.

> En se retournant, panorama sur le Puy avec vue sur l'ensemble du bassin. Tout-à-fait à gauche, la montagne de Denise avec, en avant-plan, la petite falaise de la « Croix de Paille » et ses orgues de basalte ; puis en allant vers la droite, le vaste plateau basaltique de la plaine de Rome, avec, en arrière-plan, le château de Polignac et son donjon. Au centre, la vieille ville avec ses rochers Saint-Michel et Corneille. À l'extrême-droite, les coteaux de Guitard et Roche-Arnaud.

Ce paysage est extrêmement parlant pour le géologue. La Denise est un volcan complexe dont la partie centrale est formée de scories, la Croix de Paille représentant un « neck » c'est-à-dire une vaste cheminée volcanique remplie de basalte dont les orgues sont célèbres ; les vastes plateaux tabulaires, comme celui de la plaine de Rome, représentant des coulées de basalte épanchées autrefois dans le fond des vallées. Toutes les pentes douces situées au bas de ces plateaux sont formées par des sédiments tendres, marnes et calcaires lacustres d'âge oligocène. Le rocher Corneille et le rocher Saint-Michel représentent sans doute des « necks » formés par une brèche volcanique très particulière due à un volcanisme sous-lacustre. Le paysage est dû à l'action de l'érosion sur des sédiments assez anciens reposant sur un socle cristallin et recouverts par des épanchements de roches volcaniques.

HISTOIRE

LE PUY-EN-VELAY

Le Puy, selon le *Guide* du XIIe siècle, est un sanctuaire marial réputé depuis le IIIe siècle, lorsque Marie apparut en songe à une femme assoupie sur une sorte de dolmen (la « Pierre des fièvres » que l'on peut voir à l'intérieur de la cathédrale à gauche du chœur) pour lui signifier sa guérison. Plus tard, une statue de la Vierge fut offerte à la vénération des pèlerins : victime du vandalisme révolutionnaire, elle fut remplacée par une copie en 1856.

STATUETTE DE PÈLERIN, RUE DES FARGES / PHOTO M. WASIELEWSKI

L'année 1999 fut une année sainte, dite aussi « jubilaire », expression qui paraît plus appropriée si l'on s'en réfère à la tradition biblique des jubilés cinquantenaires évoquée pour le sanctuaire de Compostelle. Le jubilé (ou année « jubilaire ») a lieu chaque fois que la fête de saint Jacques le Majeur (le 25 juillet) tombe un dimanche. Ainsi furent années saintes : 1965, 1971, 1976, 1982, 1993, 1999, 2004, 2010, et le sera 2021. Depuis 992, le Puy bénéficie aussi du privilège du jubilé. Mais les années saintes y sont rarissimes puisqu'elles ne se produisent que lorsque l'Annonciation (9 mois avant Noël, soit le 25 mars) coïncide avec le Vendredi saint dont la date est mobile et fonction de celle de Pâques. Il n'y eut qu'un seul jubilé au Puy au XXe siècle, en 1932. Il y en aura deux au XXIe siècle ; le premier a eu lieu en 2005, le prochain est prévu en 2016. Il faudra ensuite attendre 2157.

VUE SUR SAINT-MICHEL-D'AIGUILHE / PHOTO M. WASIELEWSKI

Ces jubilés connurent un tel succès dès le Moyen Âge, qu'en 1407 deux cents pèlerins périrent étouffés au milieu de la foule. En dépit de ce risque, une certaine Isabelle Romée vint, en 1429, y prier Notre-Dame pour le succès de l'entreprise menée par sa fille, Jeanne d'Arc.

Au Puy, les pèlerins pouvaient aussi se rendre au sanctuaire de Saint-Michel-d'Aiguilhe, construit à la fin du Xe siècle, sur ordre de leur prestigieux ancêtre Godescalc. Dans la rude montée d'escaliers conduisant au portail trilobé, où les influences hispano-mauresques sont patentes, ils pouvaient se reposer dans des niches à taille humaine creusées à même le roc : hospitalité bien rudimentaire qui dut, très vite, leur faire préférer les hôpitaux tenus en ville.

Le premier de ceux-ci fut l'Hôtel-Dieu, bâti contre la cathédrale. Il commença à fonctionner vers 1140. Ses portes étaient largement ouvertes aux pèlerins, comme en témoigne le privilège concédé par l'évêque, en 1210, de fabriquer et vendre les insignes de pèlerinage et les coquilles découvertes au cimetière du Clauzel où étaient ensevelis ceux qui décédaient dans cet hôpital. De nombreuses donations contribuaient à assurer des revenus à ce lieu d'accueil, tandis que des quêteurs se répandaient dans tout le royaume, et même à l'étranger, comme en témoigne une boîte à aumônes, conservée à Ripoll, marquée « Nostra Senyora del Puig de França » qui – selon des témoignages recueillis il y a une vingtaine d'années – était encore en usage au début du XXe siècle.

JUBILÉ AU DÉBUT DU XXE SIÈCLE / COLL. L. OLIVIER

Le Puy eut aussi son hôpital Saint-Jacques, mentionné pour la première fois dans un testament de 1253. On ignore malheureusement tout de son fonctionnement. On notera simplement que, proche de la rue et de la porte Saint-Jacques, il était situé sur l'itinéraire idéal pour quitter la ville en direction de la Margeride.
Notons, également, l'existence d'une confrérie saint Jacques érigée à la fin du XVIe siècle, dans l'église Sainte-Claire. C'est à la même époque que nous avons témoignage du pèlerinage à Compostelle d'un bourgeois de la ville, Jean Jacmon : « 1591 et le 16 Ceptembre, suis party de ceste ville pour m'en aller à Saint-Jacques en Galice et en suis revenu et arrivé en ceste ville la veille de saint André ».

Pour s'engager sur le grand chemin, les pèlerins, au sortir de la cathédrale, suivaient la rue des Tables (des Changeurs), gagnaient la place du Plot puis, par la rue Saint-Jacques (au n° 47, on voyait encore, il y a quelques années, un oratoire avec une statue du saint), atteignaient la porte Saint-Jacques et s'engageaient dans le faubourg du même nom (dit maintenant « des Capucins ». Là, se dressait l'arbre saint Jacques, remplacé depuis 1722 par la « Croix de l'arbre » (ornée de saint Jacques et d'un pèlerin). Les pèlerins quittaient enfin la cité mariale par le « chemin de Saint-Privat », devenu récemment « rue de Compostelle ».

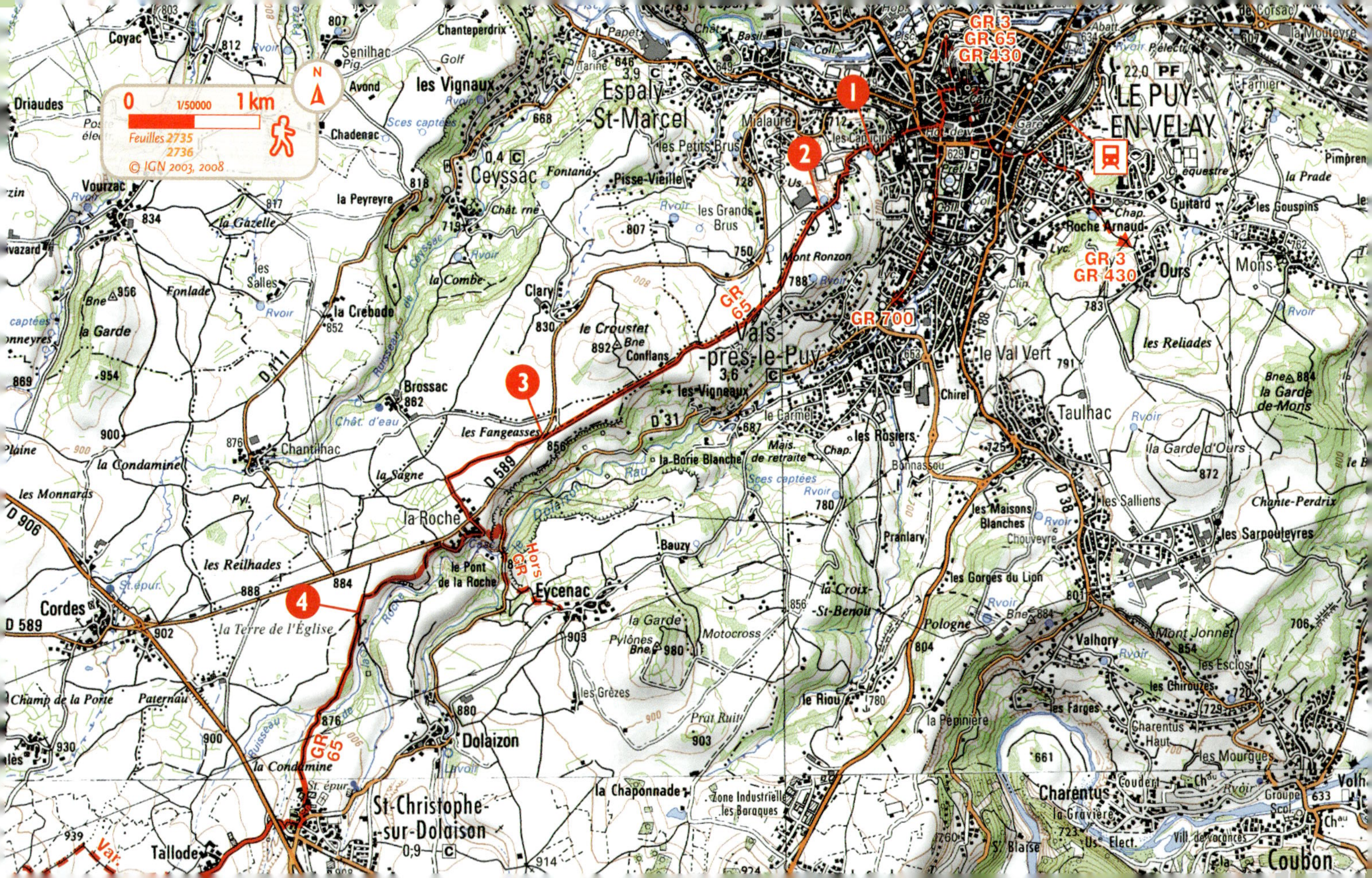

0
1/50000
1 km
Feuilles 2735
2736
© IGN 2003, 2008
N
LE PUY-EN-VELAY
Espaly-St-Marcel
Vals-près-le-Puy
GR 3
GR 65
GR 430
GR 700
Hors GR
Var.
1
2
3
4
Ceyssac
les Vignaux
Chanteperdrix
Senilhac
Coyac
Avond
Chadenac
Vourzac
Driaudes
la Peyreyre
la Gazelle
les Salles
la Crebado
la Garde
Fonlade
la Combe
Pisse-Vieille
les Petits Brus
les Grands Brus
Mialaure
Mont Ronzon
Clary
le Croustet
Conflans
Brossac
les Fangeasses
la Sagne
Chantilhac
la Condamine
les Monnards
la Roche
le Pont de la Roche
les Reilhades
la Terre de l'Église
Cordes
D 589
D 906
D 31
D 38
N 88
Eycenac
Bauzy
Dolaizon
St-Christophe-sur-Dolaizon
Tallode
la Chaponnade
Zone Industrielle les Baraques
les Vigneaux
le Carmel
la Borie Blanche
les Rosiers
Bonnassou
Pranlary
les Maisons Blanches
Chouveyre
les Gorges du Lion
la Croix-St-Benoît
Pologne
le Riou
la Pépinière
Taulhac
le Val Vert
Chirel
Roche Arnaud
Ours
Mons
les Reliades
la Garde de Mons
la Garde d'Ours
les Salliens
Chante-Perdrix
les Sarpouleyres
Mont Jonnet
Valhory
les Esclos
les Chirouzes
les Farges
Charentus Haut
les Mourgues
Charentus
la Gravière
St Blaise
Coubon
Guitard
les Gouspins
la Prade
Pimpren
Farnier
la Mouteyre
Prat Ruit
les Grèzes
Motocross
la Pyrenne
Champ de la Porte
Paternau

1 Suivre la rue de Compostelle jusqu'au stade. Emprunter à droite le chemin de terre aménagé qui retrouve la route 200 m plus loin. Suivre cette dernière sur la droite pour continuer la montée.

2 Au point haut, laisser la route pour le large chemin caillouteux sur la gauche qui aboutit à un carrefour marqué par une croix [> croix de Jalasset datée de 1621 dont seul le fût subsiste], passe à droite de ce monument.

> Le chemin passe sur la gauche d'une petite montagne le Croustet, qui frappe par son aspect régulier. Appelée « garde » dans le pays, il s'agit d'un petit cône volcanique de type strombolien, déjà un peu remanié par l'érosion. Il est essentiellement formé de projections scoriacées assez meubles exploitées sous le nom de pouzzolanes.

3 Le GR® atteint la D 589 ; la couper et prendre en face le chemin de terre gravilloné, qui débouche dans un carrefour. Suivre à gauche le chemin qui devient goudronné aux premières maisons de La Roche (870 m).

Hors GR® > pour Eycenac **2 km** **30 min**

Suivre le tracé en tirets sur la carte.

De La Roche à Saint-Christophe-sur-Dolaizon **3 km** **45 mn**

Le GR® 65 traverse la D 589 et contourne La Roche par un chemin en corniche au-dessus du ravin de la Gazelle, qui continue ensuite sur la ligne de crête.

4 Le GR® 65 se dirige à droite, traverse un petit bois, s'abaisse jusqu'au ruisseau de La Roche pour le franchir un peu plus en amont et remonte sur sa rive droite jusqu'à Saint-Christophe-sur-Dolaizon (908 m).

> Saint-Christophe-sur-Dolaizon : l'église du XIIe siècle est construite en brèche volcanique rougeâtre avec un clocher-arcade percé de quatre ouvertures. Côté sud, elle présente plusieurs enfeux à l'extérieur. Ce monument se trouve mentionné dès 1161, puis en 1204 dans un document émanant des Templiers du Puy. La seigneurie et le château apparaissent dès le XIVe siècle dans diverses pièces d'archives.

Dans le village, en bordure de la D 31, on peut voir les restes d'un four banal où chaque famille venait cuire son pain à tour de rôle. Les tourtes préparées dans des « paillas » à la ferme étaient apportées par les femmes, tandis que les hommes chauffaient le four avec des fagots de bois de pin. Une fois la chaleur nécessaire atteinte, la sole du four était nettoyée des braises et le pain enfourné. Au bout de trois heures, le pain, convenablement cuit, était défourné. Chacun cuisait ainsi son pain pour deux à trois semaines.

TRADITIONS
LA DENTELLE AU CARREAU

Entre légende et réalité, la naissance de la dentelle du Puy remonterait à 1407, année jubilaire du fait que l'Annonciation coïncide avec le Vendredi saint. Pour cet événement fastueux, la plus habile des brodeuses est requise par l'évêque du Puy pour confectionner un manteau pour la Vierge noire. Une certaine Isabelle Mamour est choisie pour l'exécution de ce travail d'exception sur lequel elle va passer plus d'un mois. En cherchant à confectionner un tissu d'une extrême finesse, la jeune fille a l'idée de fixer des épingles sur une planchette de bois et d'y faire courir le fil à l'aide de navettes de bois. La dentelle au carreau vient de voir le jour.

Par la suite, les dentellières se multiplient en Velay car cette activité leur fournit un salaire d'appoint tout en leur permettant de travailler chez elles. Cet artisanat marque profondément la vie économique et sociale. Dans les villages, les femmes se réunissent en couviges (réunions) à la maison ou à l'assemblée du village pour y pratiquer ensemble ce qui représente à la fois une distraction et un gagne-pain. Tout en bavardant, les ouvrières entrecroisent des fuseaux de bois sur leur métier portatif rembourré de paille. La dentelle est vendue dans les petites échoppes de la ville du Puy. Les acheteurs sont nombreux parmi les badauds, pèlerins et marchands, et l'activité prospère. Au XVIIe siècle, un arrêt du parlement de Toulouse interdit « la fabrication, le colportage et la vente de la dentelle ». Ému des conséquences dramatiques pour les femmes du Velay, le jésuite saint Jean-François Régis, défend leur cause et fait casser cet arrêt en 1640. Reconnaissantes, les virtuoses du carreau feront de lui le saint patron des dentellières. Depuis 1931, la dentelle faite à la main à l'aide de fuseaux est reconnue par une appellation d'origine. La ville du Puy compte le seul Atelier conservatoire national de la dentelle en France, ainsi qu'un Centre d'enseignement de la dentelle qui forme aux techniques dentellières.

FUSEAU DE DENTELLIÈRE / PHOTO L. OLIVIER.

HISTOIRE

SOUVENIRS JACQUAIRES DU MUSÉE CROZATIER

Réputé pour la richesse et la diversité de ses collections, le musée Crozatier constitue à lui seul une véritable vitrine de la région du Puy. Au fil des salles, on découvrira disséminés quelques intéressants témoignages de l'importance du pèlerinage de Saint-Jacques dans la région.

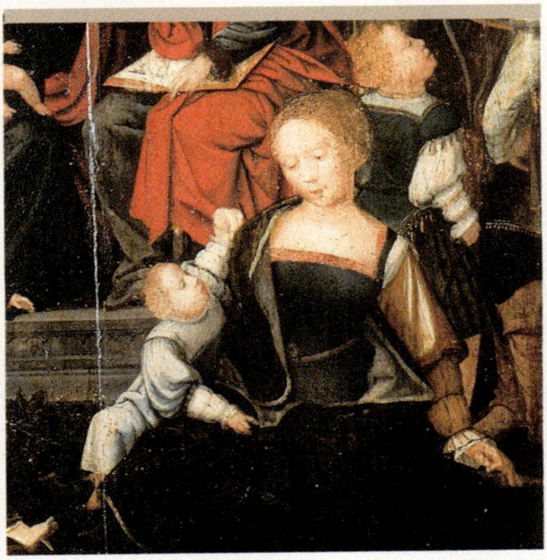

LA FAMILLE DE LA VIERGE (1497) / PHOTO MUSÉE CROZATIER.

L'un des principaux trésors du musée est un tableau exécuté vers 1417 pour un couvent du Puy : *La Vierge au Manteau*. Derrière le manteau déployé de la Vierge, on aperçoit en buste Jacques le Majeur identifiable à son grand chapeau de pèlerin en forme de bicorne (salle 14). Non loin de là, le tableau de *La Famille de la Vierge* (1497) montre aux pieds de Marie Salomé l'apôtre Jacques, reconnaissable au bourdon et à la besace marquée de la coquille.

Intégré à l'une des fenêtres de la salle 11, un fragment de vitrail porte les armoiries de Jean Laurens frappées de la coquille. La salle Cortial réunit quelques coquilles de pèlerins. Percées d'un trou permettant de les attacher, elles furent retrouvées sur deux squelettes lors de fouilles à l'emplacement de l'ancien cimetière du Clauzel, dévolu aux pensionnaires de l'Hôtel-Dieu. Un bois gravé du XIXe siècle figure un pèlerin arborant plusieurs coquilles. À proximité, plusieurs crochets à ciseaux utilisés par les orfèvres du Puy sont décorés d'une coquille, dont on pense cependant qu'ils ne sont pas liés au pèlerinage. À proximité est exposée une riche collection de Vierges noires.

PÈLERIN / PHOTO MUSÉE CROZATIER.

Au rez-de-chaussée, la salle médiévale réunit de nombreux fragments romans de l'Hôtel-Dieu, dont deux chapiteaux : la Charité et Les soins à prodiguer à un malade alité, ainsi que des statues provenant de l'ancien hôpital des pèlerins.

Le musée possède l'une des plus anciennes représentations sculptées de la Vierge : *Le Mariage de la Vierge*, datant du IVe siècle. Par ailleurs, l'établissement réunit l'une des plus belles collections de dentelle en France, au fuseau ou à l'aiguille.
À voir également : le carrosse de Vachères et la Salle des mécaniques.

D'après Jean Chaize, revue *Le Fil*

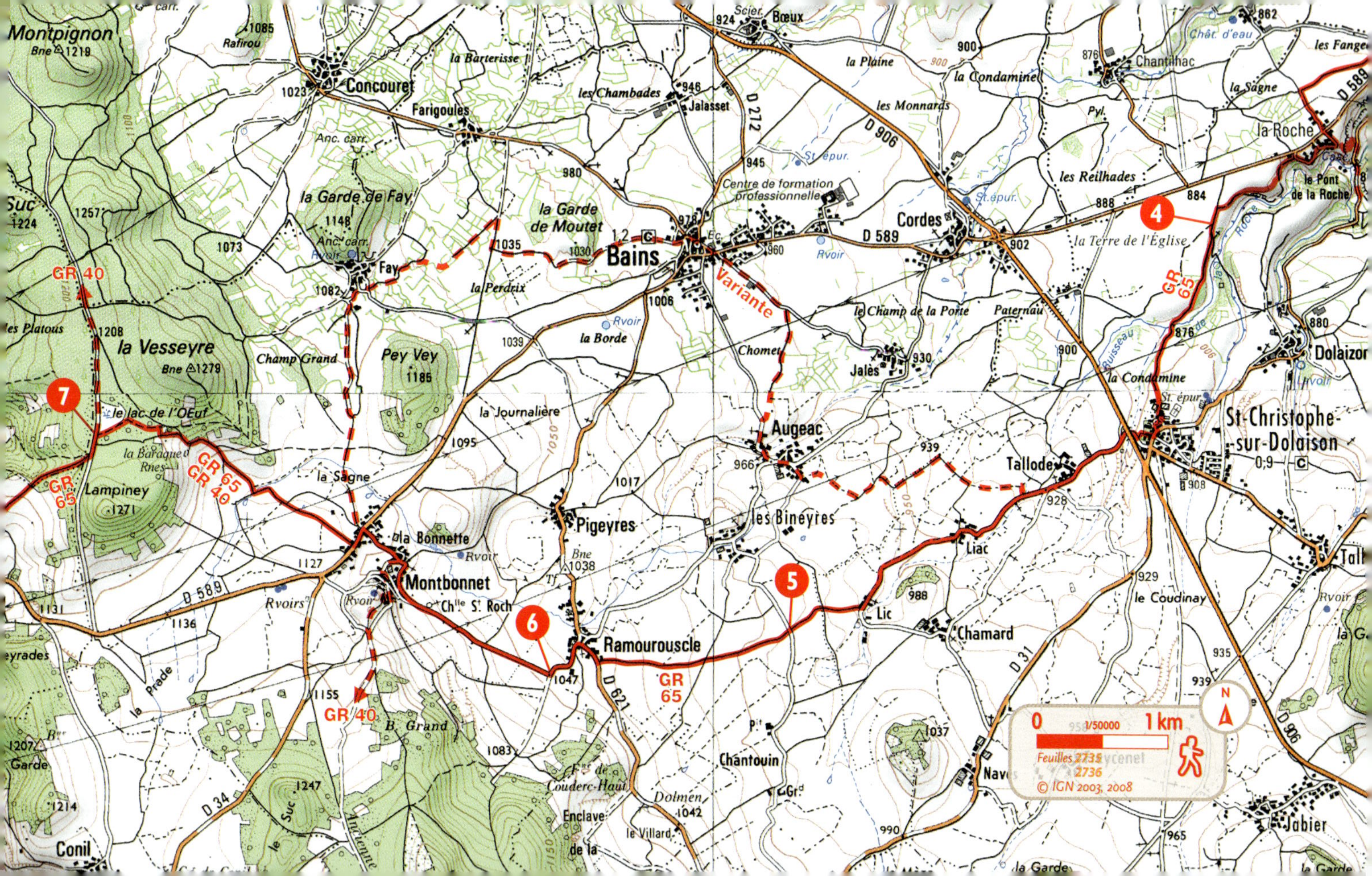

Montpignon
Concouret
Farigoules
la Garde de Fay
Fay
la Vesseyre
le lac de l'OEuf
Lampiney
Pey Vey
la Garde de Moutet
Bains
Variante
Boeux
Centre de formation professionnelle
Cordes
D 589
D 906
D 272
D 621
D 31
D 34
Chantilhac
la Roche
le Pont de la Roche
Dolaizon
St-Christophe-sur-Dolaizon
Augeac
Jalès
Tallode
les Bineyres
Pigeyres
Montbonnet
Ramourouscle
Liac
Lic
Chamard
Chantouin
Conil
GR 65
GR 40
GR 65 GR 40
4
5
6
7
0
1/50000
1 km
N
Feuilles 2735 2736
© IGN 2003, 2008

De Saint-Christophe au chemin goudronné

4 km | 50 mn

À Saint-Christophe-sur-Dolaizon >

À la sortie de Saint-Christophe-sur-Dolaizon, après le château, emprunter à droite une petite route vers Tallode ( ).

> Départ, sur la droite après Tallode, de la variante de Bains (voir page 55).

Poursuivre jusqu'à Liac. Le chemin continue sur une assise empierrée. Traverser le hameau de Lic puis prendre le chemin à droite. Un peu plus loin, à une intersection, obliquer à gauche, puis atteindre le carrefour avec un chemin goudronné.

Du chemin goudronné à Montbonnet

3,5 km | 50 mn

5 Du chemin goudronné, poursuivre tout droit (ouest) jusqu'à l'entrée de Ramourouscle. Emprunter à droite la D 621. Au centre du village, tourner à gauche.

> Croix de Ramourouscle datée de 1631, près de « l'Assemblée » (maison construite par les villageois pour leur « béate », pieuse femme laïque). Au revers : Vierge entourée d'un ange. Remarquer sur la droite, peu après avoir traversé la route, un porche daté de 1674, et derrière celui-ci une maison typique. Selon la tradition, les pèlerins y étaient reçus par des Donats ou Donates, successeurs d'anciens servants des Templiers.

6 Prendre un chemin goudronné qui passe devant la chapelle Saint-Roch.

> L'oratoire primitif fut construit par la famille de Montlaur (armoiries sur la clef de voûte de la chapelle). Saint Bonnet en devint le premier patron. Sainte Bonnette d'Alvier y fut honorée également (leurs statues figurent dans la chapelle). Remanié à plusieurs périodes, l'édifice fut dédié à saint Roch, lors de l'extension du culte de ce saint, devenu patron des pèlerins.

Le GR® atteint ainsi Montbonnet (1108 m).

De Montbonnet au lac de l'Œuf

3 km | 45 mn

À Montbonnet > *(avec terrain pour camper)*

Le GR® 65 traverse Montbonnet et passe devant la Croix des Pèlerins.

> Jonction avec le GR® 40 : au sud, il se dirige vers le Bouchet-Saint-Nicolas.

Poursuivre jusqu'à la D 589.

> Jonction avec la variante venant de Bains.

Emprunter à gauche la D 589 sur 150 m. Prendre sur la droite le chemin qui traverse un étroit plateau puis passe près des ruines de la Baraque. Lorsque le chemin se scinde, suivre la branche gauche qui grimpe puis entre dans les bois. À la fourche suivante, prendre à droite. Déboucher sur un chemin perpendiculaire. Le suivre à gauche jusqu'au lac de l'Œuf.

LA PERLE DU VELAY

La lentille verte du Puy est cultivée dans la région du Velay depuis le début de l'ère chrétienne, peut-être plus longtemps encore. Son aire de production s'étend sur 4 500 hectares et 85 communes du bassin du Puy et des plateaux du Velay.
Cette légumineuse aux qualités gastronomiques particulières y bénéficie de la légèreté de ses sols mais surtout du microclimat sec et chaud des plateaux volcaniques. Elle y trouve les conditions idéales à son épanouissement : froid durant les premiers mois de croissance, ensoleillement exceptionnel et stress hydrique précipitant sa maturité.
En août 1996, la « perle ponote » a été le premier légume sec à intégrer le cercle des Appellations d'Origine Contrôlée aujourd'hui Appellation d'Origine Protégée. Dotée d'une peau fine et d'une amande non farineuse, la lentille verte du Puy se distingue par sa cuisson rapide. Son goût délicat lui a valu le surnom de « caviar vellave » et a donné à cette modeste légumineuse ses lettres de noblesse.
La meilleure preuve de sa notoriété est l'existence d'une Confrérie de la lentille du Puy.

Recette (Régis Marcon)
Jarrets de Porc à la Lentille Verte du Puy

INGRÉDIENTS
2 jarrets de porc demi-sel
1 oignon piqué d'un clou de girofle
1/2 poireau
1 carotte
laurier, thym
220 g de Lentilles Vertes du Puy
1 carotte en petits dés
1 oignon haché
3/4 de bouillon (volaille ou bœuf)
50 g de graisse d'oie
80 g de lard salé, taillé en lardons
50 g de beurre

Plonger dans l'eau froide : jarret de porc, carotte, poireau, oignon, épices. Cuire à feu doux 1 heure 30.

Faire revenir lard et carotte, puis ajouter les Lentilles Vertes du Puy et le bouillon de viande. Cuire 25 minutes, égoutter, garder le jus de cuisson avec 2 cuillères à soupe de lentilles. Ajouter le beurre et cuire 15 minutes. Passer cette sauce au mixeur et l'ajouter aux Lentilles Vertes du Puy.

Dresser les Lentilles Vertes du Puy sur l'assiette, les jarrets de porc posés au milieu. Ceux-ci peuvent être servis avec une sauce piquante.

JARRET DE PORC AUX LENTILLES / PHOTO P. FOURNIER.

TRADITIONS

TRADITIONS DU VELAY

L'habitat en Velay

En pierre de lave mêlant les rouges, les bruns et les mauves, la ferme traditionnelle du Velay s'abrite sous un toit à faible pente recouvert de tuiles canal rouge. En effet, les vents importants se chargent de balayer la neige qui ne peut s'accumuler en lourdes charges sur la toiture.
Par contre, celle-ci est maintenue par de grosses pierres disposées sur sa bordure pour l'empêcher de s'envoler. Le rez-de-chaussée comprend une ou deux pièces, prolongées par une « souillarde », servant à conserver le lait et les fromages. Deux ou trois chambres se trouvent à l'étage.

LE FROMAGE DU VELAY / PHOTO L. OLIVIER.

BREBIS NOIRES DU VELAY / PHOTO L. OLIVIER.

La brebis noire du Velay

Si la vache Mézenc a disparu de la région vers les années 1960, la brebis noire originaire des monts du Velay broute toujours l'herbe des pâturages de la Haute-Loire. Il semble que cette race très rustique de mouton noir fasse partie du paysage vellave depuis l'invasion de la Gaule par les Celtes.

Une tomme aux artisous

Riche en vaches laitières, le Velay est fameux pour sa tomme de vache, le « velay », élaboré dans la plus pure tradition artisanale. Ce fromage ne peut prétendre à son label de qualité que si sa croûte est riche en artisous : microscopiques acariens qui n'ont aucune parenté avec d'ordinaires asticots.

La Verveine du Velay

Le Velay présente une échelle d'altitude dont la douceur se prête particulièrement bien au développement de plantes très diverses. En 1859, l'herboriste Victor Pagès met au point une liqueur sophistiquée à base de verveine et d'une trentaine de plantes et aromates. Le secret de la distillation de cette liqueur digestive parmi les plus fortes (55° C) s'est transmis de père en fils depuis cinq générations. Après macération et distillation, les alcoolats sont additionnés d'ingrédients secrets, dont du miel d'Auvergne et du cognac. La liqueur est vieillie en fûts de chêne pendant dix mois au moins. Chaque année, pas moins de 20000 litres de « verveine verte » sont mis en bouteille. Consommée pure ou en cocktail, la verveine du Velay sert aussi à confectionner sorbets, glaces et pâtisseries.

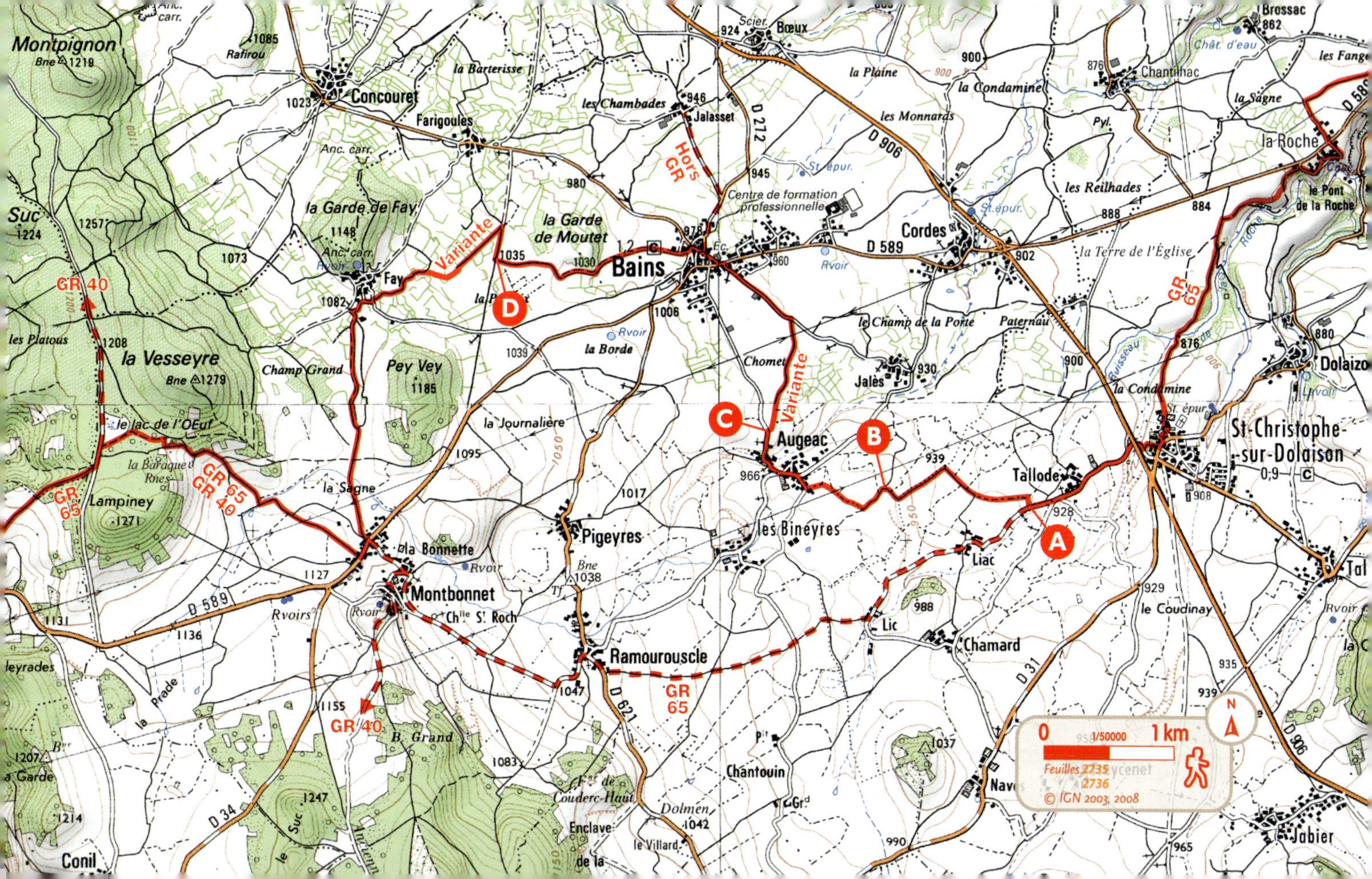

Montpignon
Concouret
Farigoules
la Garde de Fay
la Garde de Moutet
Bains
Cordes
Bœux
Jalasset
Hors GR
Variante
Fay
la Vesseyre
Pey Vey
Champ Grand
le lac de l'OEuf
Lampiney
GR 65
GR 40
la Sagne
la Bonnette
Montbonnet
Ch^lle St. Roch
Pigeyres
Ramourouscle
Augeac
les Bineyres
Jalès
Chomet
la Journalière
la Borde
Tallode
Liac
Lic
Chamard
St-Christophe-sur-Dolaison
Dolaizon
la Roche
le Pont de la Roche
Chantilhac
la Condamine
les Monnards
les Reilhades
la Terre de l'Église
le Champ de la Porte
Paternau
Centre de formation professionnelle
le Coudinay
Chantouin
Dolmen
Enclave
le Villard
Couderc-Haut
B. Grand
Conil
Suc
les Platous
D 589
D 906
D 272
D 621
D 31
D 34
A
B
C
D
0
1/50000
1 km
Feuilles 2735 2736
© IGN 2003, 2008

Variante de Bains | 10 km | 2 h 30

De Tallode à Montbonnet

> Le passage à Bains de nombreux pèlerins ne peut être contesté et l'itinéraire proposé au-delà demeure très plausible, surtout si l'on considère que le village de Fay est mentionné en 1236 dans le cartulaire des Templiers. Cet ordre ayant pris une part importante dans la protection des pèlerins nous sommes vraisemblablement en présence d'un ancien mais authentique chemin de Saint-Jacques.

De Tallode à Bains | 3,5 km | 1 h

A Après le village de Tallode, quitter le GR® 65 qui se poursuit sur la route, pour un chemin de terre à droite entre les terres agricoles. Au premier embranchement, ignorer le chemin de gauche pour continuer tout droit. Parvenir dans le lacet d'un chemin plus large. Monter à droite. Arriver dans un embranchement.

B Aller à gauche. À la fourche, à l'entrée d'Augeac, obliquer à gauche. Retrouver le goudron aux premières maisons puis virer à droite. Au centre du hameau continuer tout droit ; passer près du four à pain, du lavoir, puis à droite de la maison d'assemblée. Rester sur la route jusqu'aux dernières maisons du village. 200 m après, remarquer un chemin sur la droite.

C Emprunter ce chemin à droite. Parvenir sur une petite route. La suivre à gauche pour rejoindre Bains.

Hors GR® > pour Jalasset 1,2 km | 15 min

De Contaldès, descendre par la route à droite, puis monter à Chanaleilles (1 150 m).

De Bains à Montbonnet | 6,5 km | 1 h 30

À Bains >

À Fay >

> Bains : église des XIIe et XIIIe siècles avec clocher-arcade récent. Remarquer à l'extérieur : un enfeu latéral côté sud, traces de litre seigneuriale, voussures du portail d'entrée ; à l'intérieur, cuve baptismale et pieta. Cette église, primitivement dédiée à saint Martial, passa vers 1105 sous le nom de sainte Foy, dépendant ainsi de Conques jusqu'en 1613. À voir également : vestiges du château, croix de fer forgé près de l'église, vieilles maisons.

Traverser la rue principale sur le passage piéton, continuer sur la place en face en passant à droite de l'église. Prendre à gauche le chemin de la garde de Moutet. Sortir bientôt du bourg. Suivre le large chemin qui passe à côté d'une ancienne carrière puis rejoint un chemin perpendiculaire.

D Tourner à droite et marcher environ 250 m avant de bifurquer sur la gauche. Le chemin monte progressivement entre les parcelles agricoles jusqu'à atteindre une route au hameau de Fay ( ). Suivre la route 50 m puis la laisser pour le large chemin sur la gauche. À l'embranchement, virer à gauche. Poursuivre en droite ligne sur ce large chemin vers Montbonnet ; déboucher sur la D 589.

> Jonction avec le GR® 65 qui part à droite (voir page 51).

la Garde
Mercœur
la Pinatelle
les Ouches
le Suc
Rougeac
GR 40
la Vesseyre
les Platous
Coustauze
la Plaine
Mercury
D 30
D 25
Barracoux
la Coutelle
le Bosquet
Stèle
Dallas
7
le lac de l'Oeuf
Hors GR
le Villard
la Baraque
Lampiney
GR 65
GR 40
les Fonds
Nolhac
Roche d'Offre
St-Privat-d'Allier
9
8
le Chier
les Gardes
Conac
Conaguet
Chazaloux
Bois de Ponnet
Combriaux
Rochegude
Chanove
la Pénide
Pratclaux
la Planchette
Rouchoux
les Costilles
Mas de Couderchon
les Escleyrades
la Prade
D 589
D 301
la Valette
la Guéronne
10
Poste Electr. de Pratclaux
le Huitième
Montaure
12
Escluzels
le Moulin
Blancard
11
Monistrol-d'Allier
Fontannes
Freycenet
Douchanez
St-Didier-d'Allier
la Grangette
Conil
la Garde
D 40
D 34
le Mirel de l'Alouette
Rodde
Roziers
13
l'Ecorchade
St-Jean-Lachalm
0
1/50000
1 km
Feuilles 2735
2736
© IGN 2003, 2008

Du lac de l'Œuf à Saint-Privat-d'Allier

4,5 km | 1 h 15

Au Chier >

> Le lac de l'Œuf est une tourbière située dans une dépression entre deux cônes volcaniques.

Longer le lac de l'Œuf jusqu'à la route.

> Séparation du GR® 40 qui se dirige au nord vers Siaugues-Saint-Romain.

7 Suivre à gauche cette voie forestière puis virer à droite sur un sentier herbeux descendant jusqu'à la D 589. La couper. Prendre en face la route menant au hameau du Chier ( ). Déboucher dans le coudert [> appellation locale désignant une petite prairie communale ou sectionnale située dans un hameau ou aux abords immédiats de celui-ci]. À la sortie du hameau, bifurquer à droite (nord-ouest) sur un chemin. Le suivre sur 700 m.

8 Tourner à gauche sur un autre chemin pierreux entre deux murs, traverser une lande parsemée de pins.

> En montant à droite par un chemin et en suivant une petite route, possibilité d'hébergement ( ) à Dallas (1,2 km) et Rougeac (1,5 km).

Franchir le ruisseau du Rouchoux pour arriver au moulin et à la ferme de Piquemeule.

> La croix de Piquemeule, située près de la ferme, date du XIVe siècle et porte au revers l'Agneau pascal.

Le GR® rejoint la D 589 aux premières maisons de Saint-Privat-d'Allier (890 m).

> Il a toujours été dit que le prieuré de Saint-Privat-d'Allier dépendait de la Chaise-Dieu depuis sa fondation en 1046. Son existence donne à penser que, dès cette date, ce tracé du chemin de pèlerinage était suivi de préférence à la vieille voie romaine abandonnée vers Montbonnet et rejointe seulement bien plus loin, au bord de la Truyère, aux Estrets. Cet itinéraire ne présentait pas l'avantage de constituer un raccourci : du Puy aux Estrets, la distance à couvrir en passant par Chapeauroux est de 72 km contre 70 km en passant par Saint-Privat. Les régions du Velay, du Gevaudan et du Rouergue (jusqu'à Rodez) étaient particulièrement inhospitalières à cette époque. C'est pourquoi le prieuré de Saint-Privat, pourtant situé un peu à l'écart du point de départ des pèlerins, était considéré comme une étape digne d'intérêt. De Saint-Privat, les pèlerins continuaient leur route en direction de Rochegude.

On peut visiter l'église romane et les vestiges du château.

SAINT-PRIVAT D'ALLIER / PHOTO C. BERTHOLET.

HISTOIRE

LA BÊTE DU GÉVAUDAN

STATUE DE LA BÊTE DU GEVAUDAN EN MARGERIDE / PHOTO L. OLIVIER.

Au XVIIIe siècle, Aubrac et Margeride regorgent de loups. L'un d'entre eux va marquer les mémoires. Venu des forêts de l'Ardèche voisine, il sévit dans la région de Saugues. En juillet 1764, un enfant disparaît. Durant trois ans, la Bête aurait massacré une centaine de femmes et d'enfants. Choisissant ses victimes parmi les humains plutôt que dans les troupeaux, le loup inspire une véritable panique aux paysans. On le décrit avec un pelage fauve étrange, voire recouvert d'écailles, aussi haut qu'un âne avec les pattes plus courtes devant, pourvu de griffes démesurées. Une compagnie de cinquante-sept dragons est envoyée par l'intendant du Languedoc pour abattre l'animal. Las, le loup poursuit ses ravages vers Saint-Alban, Aumont et à travers l'Aubrac. En 1765, Louis XV lui-même envoie en Gévaudan Antoine de Beauterne, lieutenant des chasses royales. Le 20 septembre, celui-ci abat un loup de bonne taille, mais au printemps 1766, les meurtres reprennent. Considérée tour à tour comme un fléau de la justice divine ou comme une créature démoniaque, la Bête fait naître des héros. Une femme, Jeanne Vouve, tente jusqu'au bout d'arracher son petit de quatorze mois au féroce carnassier.

En juin 1767, enfin, un certain Jean Chastel parvient à tuer près d'Auvers, au nord-ouest de Saugues, un grand loup carnassier, mettant fin aux massacres.

La Bête du Gévaudan entre dans l'histoire et la peur qu'elle inspire s'étend à tout le royaume. Elle fait naître autour d'elle maintes légendes, dont celle de la Vierge apparue à de jeunes bergers au-dessus des gorges de la Seuge. Après la découverte de sa statue au creux d'un rocher, la chapelle Notre-Dame d'Estours est élevée en son honneur. En 1767, se déroule une grande procession pour implorer le secours de la Vierge contre la Bête. La statue polychrome est visible aujourd'hui dans l'église de Monistrol-d'Allier. Un musée consacré à l'animal légendaire se visite à Saugues.

LE LOUP DE SAINTE-LUCIE / PHOTO J.-F. SALLES

TRADITIONS

UN PAYS DE TRADITIONS RELIGIEUSES

LES CROIX SONT PARTICULIÈREMENT NOMBREUSES SUR LES CHEMINS DE LA HAUTE-LOIRE / PHOTO P. FOURNIER.

La Haute-Loire et le Velay conservent à travers les témoignages du passé les marques d'une ferveur et d'une foi encore ancrées dans les esprits et les traditions. Les croix y sont particulièrement nombreuses, au bord des chemins, à l'entrée des ponts ou pour délimiter des propriétés. Perpétué par des processions et fêtes jubilaires, le culte marial fait intimement partie de l'histoire de la Haute-Loire. On ne compte plus les sanctuaires dédiés à la Vierge noire dont Notre-Dame du Puy est le plus vénéré. Une confrérie des Pénitents blancs (la societas gonfalonis) est fondée au Puy en 1587. Depuis, le mouvement pénitent s'est enraciné avec force dans tout le Velay. Les deux confréries les plus actives aujourd'hui sont au Puy et à Saugues. Les Pénitents se joignent aux multiples processions religieuses du calendrier, et surtout à celle du Jeudi saint, vêtus de leur « sac » blanc, coiffés de leur cagoule, tenant des torches, portant la croix et les instruments de la Passion. À partir du XVIIe siècle, l'institution des Béates se développe de façon particulièrement marquante en Velay et dans le Gévaudan. Ces « saintes femmes » vivent en communauté dans la « maison d'assemblée » que le village a édifié pour elles. Elles sonnent l'Angélus, enseignent le catéchisme et l'abécédaire aux jeunes enfants, la dentelle aux jeunes femmes ; elles s'occupent des malades et président aux veillées de prières. Au moment de la Révolution, les Béates joueront un rôle capital dans la résistance catholique vellave. Leur institution a disparu au milieu du XXe siècle, mais on peut encore voir certaines de leurs assemblées sur le bord du Chemin, comme à Augeac, sur la variante de Bains. Néanmoins, ferveur populaire et croyances superstitieuses ont toujours fait bon ménage. Ainsi, à Chanaleilles, le bouvier qui voulait s'assurer une bonne récolte de raves, se devait de quitter son pantalon et de l'accrocher au joug de son attelage. À la fin des semailles, il lui fallait traverser le champ en croix tout en secouant sa chemise.

DÉFILÉ DE PÉNITENTS DU PUY / PHOTO L. OLIVIER.

Mercœur
la Garde
la Pinatelle
Rougeac
la Plaine
la Vesseyre
GR 40
Dallas
le Villard
Hors GR
St-Privat-d'Allier
le Chier
GR 65
Lampiney
Nolhac
Roche d'Offre
Combriaux
Rochegude
Chanove
Pratclaux
la Guéronne
Monistrol-d'Allier
St-Didier-d'Allier
Conil
St-Jean-Lachalm
Escluzels
Montaure
Roziers
Chazaloux
Conac
Conaguet
les Fonds
Fontannes
Douchanez
Freycenet
0 1/50000 1 km
Feuilles 2735 2736
© IGN 2003, 2008

De Saint-Privat-d'Allier à Rochegude

3 km | 45 mn

À Saint-Privat-d'Allier >

Au centre de Saint-Privat, le GR® 65 quitte la D 589 puis emprunte à droite une route qui monte.

9 Au virage, s'engager à gauche sur un chemin pierreux conduisant à une petite route. L'emprunter sur 100 m, puis prendre un sentier qui descend dans le vallon ; il franchit un ru et remonte pour retrouver la route. La couper pour atteindre les maisons de Combriaux. Là, prendre le sentier à gauche. Après un point haut, retrouver la route. La traverser pour retrouver le chemin. Continuer jusqu'à Rochegude sur ce chemin tantôt en surplomb, tantôt en contrebas de la route.

De Rochegude à Monistrol-d'Allier

4 km | 1 h

> Rochegude : ancienne place forte à la frontière du Velay et du Gévaudan.

Dominant la trouée de l'Allier, la chapelle Saint-Jacques constitue un intéressant belvédère ; les pèlerins ne manquaient pas d'y accomplir leurs dévotions.

À Rochegude, le GR® s'engage dans un passage entre deux maisons en contrebas de la chapelle. Suivre un sentier d'abord caladé puis qui devient simple sente. Au premier embranchement, virer à droite. Le sentier fait un lacet. Au second, descendre en face dans les bois en suivant les lacets entre les arbres et les rochers (⚠ **> prudence !**). Après un dernier passage dans les rochers, déboucher sur la D 301 ; la suivre à gauche. Au virage, laisser la route pour le chemin qui monte dans Pratclaux ; traverser le hameau. À la dernière maison du village, quitter la route pour le chemin sur la gauche. Traverser la D 301 et poursuivre sur le chemin entre les haies. Obliquer à gauche pour retrouver une route ; la suivre à droite sur 100 m.

10 S'engager à gauche sur un chemin qui, bientôt, oblique à droite et retrouve la route. Descendre dans les gorges jusqu'à Monistrol-d'Allier. Prendre à droite.

De Monistrol-d'Allier à Montaure

4 km | 1 h 20

Au Monistrol-d'Allier >

> Monistrol-d'Allier : église romane, ancien prieuré dépendant de l'abbaye de La Chaise-Dieu. Au chevet de l'église, croix à personnages du XVIe siècle. Fût timbré du bourdon, insigne des pèlerins de Saint-Jacques. Les personnages latéraux semblent d'ailleurs représenter saint Jacques lui-même ou l'un de ces humbles en marche vers Compostelle.

Franchir l'Allier sur le pont métallique, monter par la rue à gauche puis virer à droite. À l'embranchement, prendre la route de droite.

⚠ **> Attention ! dernier point de ravitaillement avant Saugues.**

11 Tourner à droite sur une petite route qui descend vers un moulin, traverser l'Ance puis, au premier lacet, laisser la route pour le sentier à droite. Au chemin gravillonné, prendre à gauche pour retrouver bientôt la route. La suivre à droite jusqu'à une croix en fer forgé. Monter à gauche pour arriver à la chapelle de la Madeleine [> grotte close au XVIIe siècle d'une façade de pierre surmontée d'un fronton].
Le GR® s'élève ensuite le long d'une forte pente (main courante) jusqu'au ressaut d'Escluzel. À l'entrée du village, s'engager dans la ruelle de droite, passer devant l'abreuvoir, puis filer vers la gauche (nord-ouest) ; 800 m plus loin, tourner à gauche, couper une route desservant La Valette. Couper la D 589 pour monter en lacets à travers bois jusqu'à l'entrée de Montaure (1 022 m).

0 1/50000 1 km
Feuilles 2636 - 2736
© IGN 2008
N
GR 65
12
13
14
15
Saugues
la Vacheresse
Champignonnière
la Ribeyre
le Luchadou
Andrejoulet
Lescure
les Hers
la Valette
le Huitième
la Molle
Montaure
la Rodde
le Min de l'Alouette
l'Écorchade
Sce Blancard
Montavis
Poumardou
Baraque des Espérins
la Vachellerie
Villeneuve
Jeunes
les Salles-Vieilles
N.D. du Gévaudan
Montaillet
le Villeret
Chap. St-Claude
Baraque de Bergougnoux
Bénistant
le Fourgna
Mézères
Barrande
Vèdrines
Domaisoq
Chabanettes
Baraque de Boissier
les Plates
Navaron
Beauregard
Chap. St-Roch
la Vialle
la Rouveyre
le Pinet
la Roche
Longeval
Pt de Vue
la Croix de Belhomme
Captage
Péchamp
Calv.
Rognac
le Vernet
Baraque de Pren-te-Garde
Roziers
la Garde
Asses
les Salettes
le Trouquet
Sce Captée
le Rochas
Baraque du Cros
le Cros
les Chabalas
Freycenet
la Pauze
le Grail
Ombret
Recoux
la Ribète
Pouzas
B. de Pouzas
le Moulin-de-Pouzas
l'Ance
D 585
D 589
D 32
D 33
D 332

Du Montaure **à** un croisement de routes

2,5 km | 30 mn

À l'entrée de Montaure, emprunter la route à gauche sur 400 m.

12 S'engager à gauche (plein sud) sur un chemin de terre menant à Roziers. Dans le village, prendre à droite la route (sud-ouest), passant près d'une fontaine. On atteint un croisement de chemins (1 069 m).

Du croisement de routes **au** Vernet

1 km | 15 mn

13 Du croisement, situé au nord-ouest de la colline dénommée la Garde, le GR® 65 emprunte à droite (ouest) la route jusqu'au hameau du Vernet (1 050 m).

Du Vernet **à** Saugues

4,5 km | 1 h 15

> Le tronçon entre Le Vernet et Rognac emprunte l'un des chemins les plus fréquentés par les pèlerins pour aborder puis traverser les plateaux de la Margeride.

Au Vernet, le GR® monte par la route jusqu'à la fontaine près de la maison d'Assemblée. Là, tourner à gauche pour monter en haut du village. Aux dernières maisons, on emprunte à gauche (sud-ouest) un chemin qui devient sentier longeant une clôture, puis passant sous une ligne haute tension. Traverser le hameau de Rognac. Continuer par la route (nord-ouest), puis prendre à gauche un chemin se dirigeant vers un pylône d'une ligne haute tension. Couper la D 589 **(⚠ > prudence)** et descendre jusqu'à Saugues (960 m).

De Saugues **à** La Clauze

7,5 km | 2 h

À Saugues >

> Ancienne place forte du Gévaudan, Saugues s'est déveoppée dès le XIIe siècle sous l'autorité des évêques de Mende. À voir : Tour dite « des Anglais » du XIVe ; vieilles maisons. La collégiale Saint-Médard abrite un mobilier prestigieux : Vierge en majesté du XIIe, Pieta de la fin du XVe, trois croix processionnelles en argent repoussé des XVe et XVIe, œuvres des orfèvres du Puy. Dans l'église des Pénitents : retable du XVIIe, instruments de la Passion.

Le GR® 65 traverse la ville de Saugues en direction du Malzieu, franchit le pont de la D 589 qui enjambe la Seuge.

14 Après le pont sur la Seuge, le GR® 65 tourne à gauche sur une voie goudronnée, aboutit à une route qu'il emprunte à gauche (sud) jusqu'au hameau du Pinet.

> La tradition rapporte que de nombreux pèlerins trouvèrent l'hospitalité dans la grange de la première maison à droite, à l'entrée du hameau.

le Mont
la Grifoulière
Grèzes
la Bastide
le Mazel
la Fageolle
le Pinet
la Roche
Longeval
Brangerès
la Clauze
Esplantas
la Brugère
le Falzet
le Villeret d'Apchier
le Pin
le Fraisse
Montrézon
Chanaleilles
Chazeaux
Contaldès
Champ Rouchis
Champ d'Ouveyre
les Fourgnas
la Zénélauze
les Vesses
Baraque Recoule
la Coustasseyre
la Fagoureyte
la Bourlade
le Ped d'Apchio
la Gardille
le Ped Simonet
GR 65
15
16
17
Hors GR
D 33
D 335
D 337
D 587
D 585
D 34
0
1/50000
1 km
Feuille 2636
© IGN 2008

15 À gauche de la dernière maison, le GR® s'engage sur un large chemin qui pénètre dans une forêt de résineux et suit la direction du sud-ouest jusqu'à une sorte de col (⚠ **> bien suivre le balisage).** Là, il oblique à droite pour descendre franchir la Seuge, puis monte jusqu'à La Clauze (1 088 m).

De La Clauze au Falzet — 2,5 km — 45 mn

À La Clauze >

> La Clauze : tour curieusement perchée sur un bloc de granit qui est le seul vestige important d'un château édifié durant la deuxième moitié du XIIe siècle et qui joua un rôle durant la guerre de Cent Ans et les guerres de Religion. Le village est très caractéristique de l'architecture du Gévaudan. Remarquer autour de l'Assemblée l'ensemble d'immeubles, la petite croix et le « travail » : appareil dont les montants sont en pierre.

Dans le village de La Clauze, le GR® se dirige vers la tour, passe devant la maison d'Assemblée. À la fourche, prendre à gauche la route qui gagne le hameau du Falzet (1 134 m).

Du Falzet à la ferme de Contaldès — 4 km — 1 h

Au Falzet >

Au Villeret-d'Apchier >

Au Falzet, le GR® se poursuit toujours au sud par une voie goudronnée, puis oblique à droite sur un petit chemin jusqu'au Villeret-d'Apchier.

> Une source sacrée, réputée pour la guérison de certaines maladies, coule dans la partie basse du village ; elle a été christianisée sous le nom de saint Pierre.

Le GR® traverse la D 587 et descend par une ruelle jusqu'à la Virlange qu'il franchit. Prendre ensuite à gauche le chemin de terre qui monte. Parvenir dans un embranchement. Tourner à droite et rejoindre le moulin du Pin.

16 Continuer et atteindre la ferme de Contaldès (1 134 m).

De Contaldès au domaine du Sauvage — 5,5 km — 1 h 40

Hors GR® > pour Chanaleilles 0,5 km 10 mn | halte randonneurs,

> Église à clocher-arcade, croix de cimetière.

De Contaldès, descendre par la route à droite, puis monter à Chanaleilles (1 150 m).

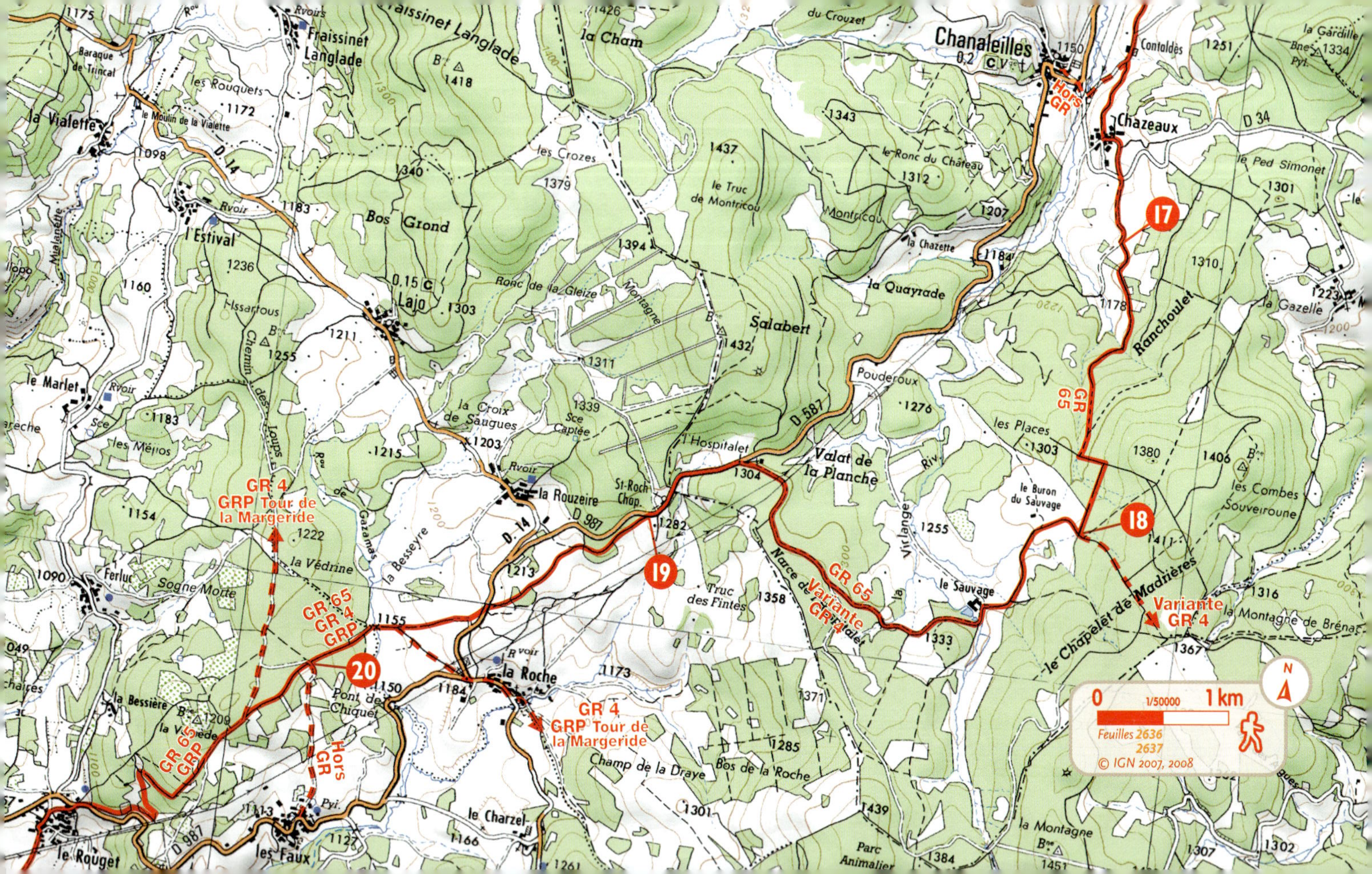
Chanaleilles
Chazeaux
Contoldès
Hors GR
GR 65
17
18
19
20
Variante GR 4
GR 65 Variante GR 4
GR 65 GR 4 GRP
GR 4 GRP Tour de la Margeride
GR 65 GRP
Hors GR
le Chapelet de Madrières
la Montagne de Brénac
Ranchoulet
les Places
le Buron du Sauvage
le Sauvage
les Combes Souveiroune
Valat de la Planche
Pouderoux
Virlange
l'Hospitalet
St-Roch Chap.
Salabert
la Quayrade
la Chazette
Montricou
le Ronc du Château
le Truc de Montricou
la Cham
Fraissinet Langlade
Bos Grond
Lajo
les Crozes
Ronc de la Gleize
Montagne
la Croix de Saugues
Sce Captée
la Rouzeire
D 987
D 587
D 14
D 34
la Roche
Truc des Fintes
Narce de l'Hospitalet
Champ de la Draye
Bos de la Roche
le Charzel
les Faux
le Rouget
Pont de Chiquet
la Bessière
la Védrine
Gazamas
la Besseyre
Sogne Morte
Ferluc
le Marlet
les Méjos
Chemin des Loups
Issartous
l'Estival
les Rouquets
le Moulin de la Vialette
la Vialette
Baraque de Trincal
le Ped Simonet
la Gazelle
la Gardille
du Crouzet
Parc Animalier
la Montagne
0 1/50000 1 km
Feuilles 2636 2637
© IGN 2007, 2008

Après la ferme de Contaldès, le GR® 65 continue tout droit jusqu'au Chazeaux. Au centre du village prendre à gauche par deux fois pour monter entre les maisons. Sortir de Chazeaux par une voie goudronnée et parvenir dans une intersection. Traverser la route pour continuer sur le chemin.

17 À la fourche monter à gauche. Le GR® entre dans les bois. Franchir une barrière grâce à un portillon de bois, continuer à monter et rejoindre un second portillon. Suivre alors le chemin forestier à gauche sur 250 m puis tourner à droite. Le GR® sort des bois.

> Jonction avec la variante du GR® 4, qui se dirige, à l'est, vers Saint-Paul-le-Froid.

18 Virer rapidement à droite pour entrer dans un pâturage. Le chemin conduit jusqu'au domaine du Sauvage (1 292 m).

Du domaine du Sauvage à la chapelle Saint-Roch — 3,5 km — 45 mn

Au domaine du Sauvage >

Le GR® 65 contourne les bâtiments du domaine du Sauvage par le sud et, 100 m plus loin, tourne à droite sur une piste forestière menant au col de l'Hospitalet (1 304 m). Emprunter à gauche la D 987 jusqu'à la chapelle Saint-Roch (1 290 m).

De Saint-Roch à la jonction avec le GR® 4 — 3 km — 45 mn

> Un hôpital pour les voyageurs et pèlerins fut fondé sur ce col désert, en 1198.

L'hôpital et sa chapelle dédiés à saint Jacques furent confiés aux Templiers. Saint Roch vint supplanter saint Jacques, vers la fin des guerres de Religion. À la fin du XIXe siècle, une nouvelle chapelle fut érigée près de là en territoire lozérien. Le monument que nous voyons aujourd'hui fut reconstruit en 1901.

De la chapelle Saint-Roch, le GR® continue vers le sud-ouest sur la D 987.

19 Après les poteaux d'un virage, s'engager à gauche sur un chemin qui descend. Plus loin, le GR® laisse à droite un chemin et tourne à gauche (sud-ouest), en longeant une murette (sur la droite). Franchir un petit col pour descendre jusqu'à la D 987. S'engager en face sur un chemin herbeux bordé de clôtures et descendre dans une dépression où s'effectue la jonction avec le GR® 4 (1 155 m).

De la jonction avec le GR® 4 à une intersection — 1 km — 20 mn

> À gauche (sud-est), le GR® 4 se dirige vers Langogne ; vers l'ouest, les GR® 4 et GR® 65 ont un bref parcours commun (voir topo-guide des GR® 4/43/44 *Des gorges de l'Ardèche à la Margeride*).

Les GR® 4 et GR® 65 franchissent sur des dalles le ruisseau de Gazamas, puis montent tout droit (sud-ouest) vers un bois de pins.

Hors GR® > pour Les Faux 1 km 15 mn

PATRIMOINE BÂTI

LA MARGERIDE

Portail en granit typique de la Margeride / photo J.-F. Salles

Entre Haute-Loire et Lozère, la Margeride constitue un monde à part, témoignant de siècles d'adaptation à ces vastes espaces déserts et silencieux.

Les fermes

Massives et granitiques, les maisons traditionnelles de Margeride semblent littéralement intégrées au décor minéral qui les entoure. Un brin austères, pourvues de petites ouvertures, les fermes de la région prennent parfois des allures de « maisons-fortes » comme au domaine du Sauvage. Parfois assombris par la présence du basalte, les murs sont très épais pour pouvoir supporter la lourde toiture en lauzes de micaschistes. À la salle principale, occasionnellement jouxtée par une chambre-salon, vient s'adjoindre la souillarde, pourvue d'une aiguillère qui permet de se débarrasser des eaux usées. La maison d'habitation est généralement prolongée par les bâtiments réservés aux bêtes et au stockage des récoltes.

Les baraques

La Margeride est aussi la région des « baraques » : ces maisonnettes dressées au bord des routes particulièrement exposées aux rigueurs climatiques. La baraque était un lieu d'accueil, parfois une auberge de campagne, destinée à protéger des intempéries les voyageurs, pèlerins, colporteurs ou paysans se rendant à la foire. Certaines des baraques ont conservé la cloche installée sur le toit qui, par mauvais temps, sonnait inlassablement pour appeler les égarés.

Bergers de village

Il y a longtemps que la Margeride offre à la transhumance ses vastes espaces de landes à genêts et bruyères. Déjà au Moyen Âge, les troupeaux ovins quittaient les plaines et garrigues languedociennes au début de l'été pour gagner (entre autres) les hautes terres de la Margeride. Sur place, à partir du XVe siècle, chaque village confiait l'ensemble de ses troupeaux à un seul berger. Celui-ci se chargeait de la production de laine, prenait soin des agneaux et combattait les loups qui décimaient les troupeaux. Enfin, l'homme assurait la fumure des terres des villageois. Pour s'abriter, le berger disposait d'une sorte de roulotte en planches, l'« ateuil » ou la « chabone » qu'il pouvait déplacer en suivant les moutons. Si la grande transhumance a disparu depuis les années 1960, la Margeride a conservé ses bergers de village, gardant les troupeaux autour du hameau en hiver et les menant en estive à la belle saison.

Cueillettes en Margeride

Avec ses sols acides, la Margeride compte une kyrielle de produits de cueillette qui constituent un complément important aux subsides agricoles. Les narcisses des prairies participent à la fabrication de parfums, avec les lichens de pins sylvestres précieux pour leur pouvoir fixateur. Landes et régions boisées regorgent de framboises, de mûres et de myrtilles, consommées sous différentes formes (fruits frais, confitures, sucreries et sirops). La myrtille est également exploitée en pharmacie pour l'élaboration de produits améliorant la vision. Enfin, cèpes, mousserons, lépiotes et autres champignons sont récoltés pour être séchés ou mis en conserve sur place.

MYRTILLES : DANS LES LANDES OU LES RÉGIONS BOISÉES / DESSIN A. BLONDEAU

MILIEU NATUREL

FAUNE DE MARGERIDE

Le pipit farlouse

Ce petit passereau à plumage brun, bec fin et queue allongée se plaît dans les tourbières de la Margeride. Il se nourrit d'insectes et de vers agrémentés de quelques graines et se distingue par son vol « en parachute », sans battement, toutes ailes déployées.

DESSINS A. BLONDEAU

Le bec-croisé des sapins

Cet habitué des forêts de conifères tient son nom de la forme spécifique de son bec lui permettant de décortiquer les cônes de résineux, dont il suit de près la maturation à partir de janvier. Son plumage est verdâtre excepté pour les mâles qui se teintent de rouge en vieillissant.

Une terre idéale pour les bisons

Depuis 1991, les monts de la Margeride, près de Sainte-Eulalie, abritent une réserve naturelle de bisons d'Europe dont la population sauvage avait vu sa disparition totale à la Première Guerre mondiale. Parfaitement adaptée à ce grand mammifère par ses caractéristiques physiques et climatiques, la Margeride a pris le relais d'une réserve d'élevage en Pologne.

BISON D'EUROPE / PHOTO J.-F. SALLES

GR 4
GRP Tour de la Margeride
GR 65
GRP
Hors GR
21
22
23
24
St-Alban-sur-Limagnole
Chabannes des Bois
le Mont de Pagès
le Biagaret
878
les Clausels
963
les Courses
Ferluc
1090
1049
les Trinchaires
la Bessière
1209
la Vernède
Font Fride
la Volette
1027
Fermus
la Rouvière
962
Rechauve
1080
1057
les Méjros
les Chams
987
le Rouget
D 987
les Faux
D 4
Truyère
Male
886
1021
1018
Rieu
l'Esteyres
le Mazel
le Villaret
1028
Hôpital Annexe
979
Limagne
le Franquet
Sogne Redonde
Grazières-Menoux
les Cayres
les Randasses
le Toura
les Roumieux
l'Espérounade
les Quatre Vents
Montalbert
949
Fraissinoux
Plaisance
947
1030
le Truc
986
CT
1013
Hôp. Psych.
Beausoleil
Condamines
Limagne
Chasseyfeyre
968
1164
Circuit Motocross
Grazières-Mages
Galier
D987
925
Entrep.
le Moulinet
les Faysses
Pont de Basile
922
la Limagnole
le Moulin de Baffié
les Prairies
Chinchazes
999
les Rompudes
940
le Moulin de Pic
Monteils
956
939
Élev.
le Guitard
1041
Daumarès
1018
le Mont
les Plones
le Coujo
1031
le Truc
la Chaumette
Donnepau
990
Chabanes Planes
1028
1034
Vialgose
1061
985
Croix de Pascal
les Pendils
1026
Sepches
Ronc de l'Homme
1025
la Chan
Bergougnoux
1069
1036
1065
1109
1072
Truc de Bergougnoux
Chan Neyre
D 58
les Quatre Routes
la Montagnette
Mauberte
1029
Montchamp
1083
Ronc de la Garde
Scier.
les Pins
Truc de Montchamp
1020
Ponges
940
D 7
954
1065
0,2
le Colme
1057
Pont Estrets
les Estrets
Fontans
le Cros
1035
1117
la Baumette
Faron
Salte-Bas
1040
Malavieillette
1004
1016
les Arisses
Croix de Fer
1027
1027
Chazeirollettes
1086
934
0
1 km
1/50000
Feuille 2637
© IGN 2007
N

D' une intersection au Rouget

2 km | 40 mn

20 Après le bois de pins, gagner le carrefour suivant.

> Séparation du GR® 4 qui se dirige à droite vers Le Malzieu.

Le GR® 65 poursuit au sud-ouest, pour passer au pied et à l'est de la Vernède (1 209 m). Descendre ensuite par un large chemin qui traverse la D 987 pour atteindre Le Rouget (1 017 m).

Du Rouget à Saint-Alban-sur-Limagnole

3,5 km | 50 mn

> Le Rouget tire son nom des grès rouges oligocènes, dont sont construites les maisons, les murettes et les croix des environs.

Le GR® traverse le hameau du Rouget en direction du sud. Emprunter vers le sud un large chemin qui passe sous une ligne haute tension, puis s'oriente au sud-ouest pour monter vers la D 987. La suivre à gauche sur quelques mètres.

21 Au carrefour, le GR® abandonne la D 987 pour prendre à gauche la route desservant l'hôpital psychiatrique. Contourner l'enceinte de l'hôpital dont les bâtiments modernes entourent le château. [> À la vieille forteresse féodale des XVe et XVIIe siècles, tenue par la maison d'Apcher et dont il reste quelques vestiges, s'ajoutèrent des constructions Renaissance à trois galeries superposées, groupées autour d'une cour intérieure].

Passer devant le portail qui donne accès à la cour intérieure. Entrer dans le bourg de Saint-Alban-sur-Limagnole (950 m).

De Saint-Alban-sur-Limagnole à Grazières-Mages

2 km | 30 mn

À Saint-Alban-sur-Limagnole >

> Église romane, remaniée à diverses époques, surmontée d'un clocher-mur à trois baies supportant un petit clocheton.

À Saint-Alban-sur-Limagnole, le GR® coupe la Grande-Rue (D 987) pour prendre la rue de la Tourelle, qui mène à la place de l'Hôtel-de-Ville en passant derrière l'église. Sur cette place, s'engager sur la gauche pour rejoindre la D 987 à la sortie ouest du village ; l'emprunter à droite sur 400 m.

22 Après le terrain de sports, tourner à droite et monter vers une grande croix sculptée. Le GR® descend alors vers Grazières-Mages.

De Grazières-Mages aux Estrets

5,5 km | 1 h 30

À Grazières-Mages >

Traverser Grazières-Mages en direction du sud ; avant une croix de fer, tourner à droite puis à gauche pour traverser un béal (bief de moulin), puis la Limagnole (à gauche à 500 m, sur la D 587,).

23 Couper la D 587 pour monter par un chemin traversant un bois, puis une sagne. Au croisement, tourner à gauche, plein sud, jusqu'à Chabanes-Planes. Emprunter vers le sud-est la route des Estrets jusqu'à la deuxième croix (croix de l'Azuel).

24 Là, tourner à droite (sud-ouest), laisser à droite un chemin conduisant à la Truyère. Décrire une courbe sur la gauche et descendre sur Les Estrets (940 m).

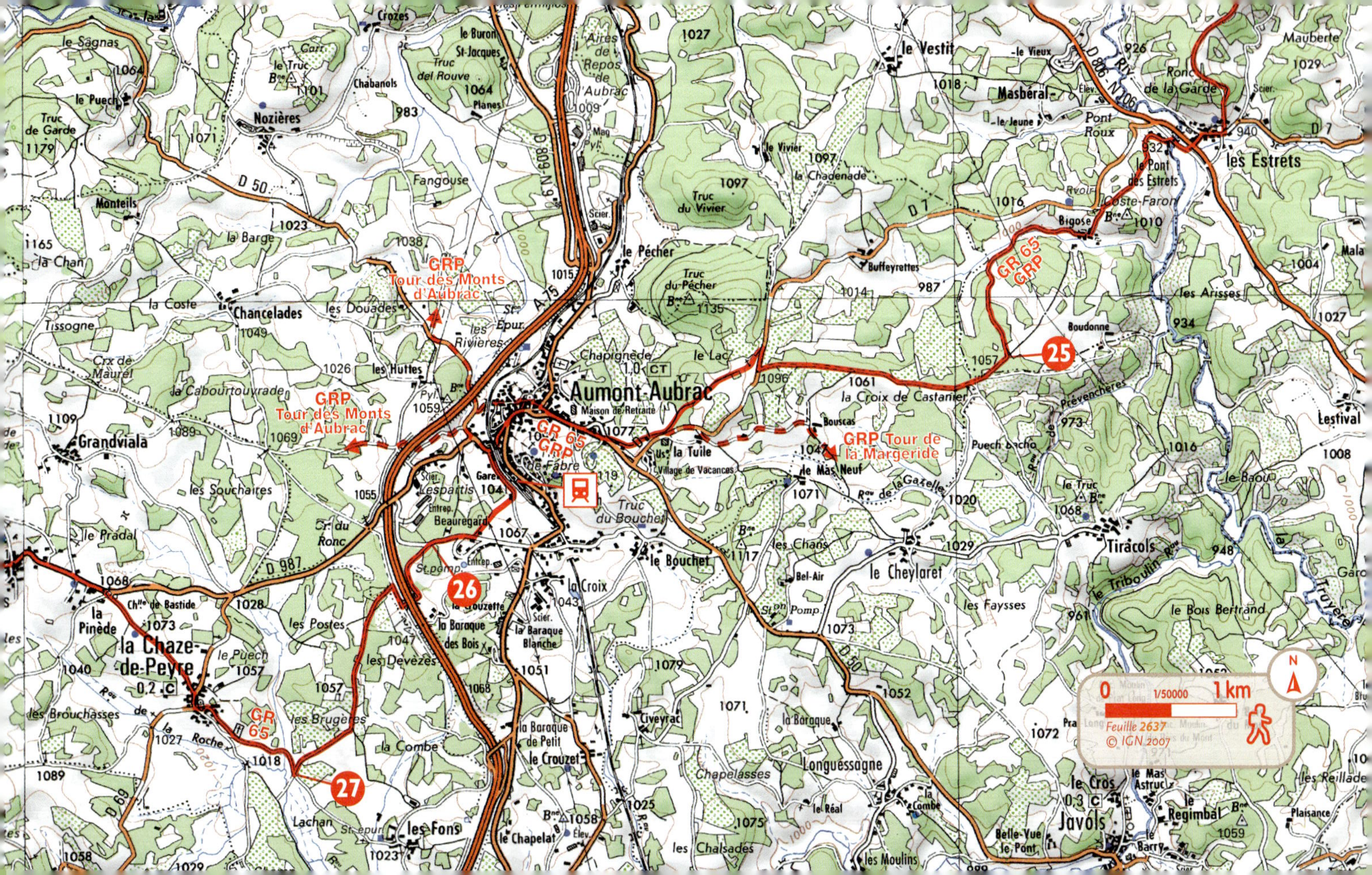

Aumont-Aubrac
GR 65
GRP
GRP Tour de la Margeride
GRP Tour des Monts d'Aubrac
GR 65 GRP
25
26
27
les Estrets
Javols
la Chaze-de-Peyre
Grandviala
Nozières
Chancelades
le Bouchet
le Cheylaret
Tiracols
Longuessagne
les Fons
le Crouzet
la Croix
le Pêcher
le Vestit
Masbéral
le Mas Neuf
la Tuile
Village de Vacances
Maison de Retraite
Lespartis
Beauregard
D 987
D 50
D 7
A 75
D 809-N 9
D 806-N 106
0
1 km
1/50000
Feuille 2637
© IGN 2007

Des Estrets à la route D 7

4 km | 1 h 15

Aux Estrets >

À Bigose >

> Estrets : petite église avec un clocher-mur à deux arcatures.

Le GR® arrive à l'est des Estrets, derrière l'église, puis le traverse sur la D 7 pour gagner la N 106 qu'il suit à droite jusqu'au Pont-des-Estrets sur la Truyère. Peu après le pont, prendre à gauche, entre deux grandes bâtisses, l'ancien chemin d'Aumont. À l'embranchement de la D 7 (croix de carrefour), se diriger à gauche pour traverser le hameau de Bigose ( ), puis emprunter à droite un chemin qui franchit le ruisseau de Bigose. Grimper une forte pente.

25 Poursuivre à travers bois et prendre à droite (ouest) la route de Boudonne. Passer devant la croix de Castanier (dont il ne reste que le socle et le fût brisé), puis arriver à la route D 7 (1 096 m).

De la route D 7 à Aumont-Aubrac

2,5 km | 45 mn

Suivre à droite la D 7 sur 150 m environ. Prendre le chemin de gauche, poursuivre toujours tout droit. À la hauteur de la D 7, emprunter le sentier à droite. Atteindre la D 50. Arriver à l'entrée d'Aumont-Aubrac (1 050 m).

> Séparation, à gauche, du GRP® *Tour de la Margeride.*

D'Aumont-Aubrac à La Chaze-de-Peyre

4,5 km | 1 h 15

À Aumont-Aubrac >

> Aumont-Aubrac : église Saint-Étienne, avec, sur l'est, des parties romanes.

> Attention ! Dernier point de ravitaillement avant Malbouzon.

Suivre la D 7 en direction du centre d'Aumont-Aubrac. Près d'une fontaine, emprunter la rue du Barri-Haut, passer place de la Croix, traverser la N 9. Continuer par la rue du Barri-Haut puis par l'ancien chemin Royal pour gagner la place du Cloître et monter la rue de l'Église. Déboucher ensuite place de l'Hôtel-de-Ville, à l'emplacement d'une ancienne porte de ville.

> Jonction avec le GRP® *Tour des Monts d'Aubrac.*

Les GR® passent place du Portail et empruntent l'avenue de Peyre. Au monument aux morts, tourner à droite sur la D 987, passer sous la voie ferrée. Prendre ensuite à gauche une route qui longe la voie ferrée. S'engager à droite (sud-ouest) sur un chemin montant entre deux clôtures et passant sous une ligne haute tension. Suivre une route à droite.

26 À une bifurcation, quitter la route pour s'engager à gauche (sud-ouest) sur un chemin qui passe sous l'autoroute. Prendre à gauche le premier chemin et rejoindre la route de La Chaze (1 016 m).

27 Emprunter à droite la route jusqu'à La Chaze-de-Peyre (1 040 m).

L'AUBRAC

BURON EN AUBRAC / PHOTO J. GRIBBLE.

Un paysage pastoral

Lorsqu'ils surgissaient des douces ondulations de la Margeride par les cols de la Croix du Fau et de l'Hospitalet Saint-Roch, les pèlerins de Compostelle voyaient surgir devant leurs yeux une immense mer de gazon dru où affleuraient quelques cailloux de granit et de basalte. Aujourd'hui partagé entre la Lozère, l'Aveyron et le Cantal, l'Aubrac n'a pas beaucoup changé, moutonnant à plus de 1 200 m et culminant à 1 469 m au signal de Maillebiau. Tapissé de pâturages à perte de vue, son territoire est divisé en quelque 300 « montagnes », issues des grandes exploita-tions monastiques dans l'Aubrac du XIIe siècle. Cette répartition correspond aux pacages que se partagent les propriétaires de troupeaux durant l'estive. Par endroits, les pâtures ont conservé leur ourlet de pierres, provenant de l'épierrement des champs, qui permettait autrefois d'assurer la rotation des pâturages et la repousse de l'herbe. Hanté jadis par les moutons, l'Aubrac appartient désormais aux bovins. L'ensemble du cheptel s'élève à quelque 50 000 têtes pour 109 communes. On reconnaît les vaches de la race d'Aubrac à leur robe couleur de miel, leurs yeux cernés de noir et leurs cornes en forme de lyre. Cette petite vache des plateaux est issue du « bos longifrons », dont l'agilité et le pas sûr la rendent si parfaitement adaptée au terrain qu'on s'amuse parfois à la comparer à la chèvre.

Une terre de transhumance

Sur les terres de l'Aubrac, le rite ancestral de la transhumance est toujours vivace. À la Saint-Urbain (23 mai), les troupeaux quittent la vallée pour les pâturages.

Ils y resteront durant les mois d'estive pour se gaver de luzerne, de fenouil, de salsifis sauvage, d'absinthe et de gentiane, imprégnant lait et fromages de subtiles saveurs. Enfin, le 13 octobre, jour de la Saint-Géraud, les bêtes rejoignent leurs quartiers d'hiver. Comme jadis, un bruyant et joyeux rassemblement signale deux fois par an, la montée et la descente des troupeaux, et même si les vaches ne sont plus décorées avec moult plumets, pompons et fanions tricolores, on ressort fréquemment les costumes d'antan. Sous la houlette d'un berger responsable de plusieurs cheptels, les troupeaux remontent les drailles, ces grands chemins de transhumance souvent bordés de murettes de pierres sèches dont l'origine se perd dans la nuit des temps. Du passé, l'Aubrac conserve un chapelet de petites églises où les bergers se rendaient en pèlerinage, pour confier leurs troupeaux à la protection divine.

Les derniers buronniers

L'Aubrac était parcouru par les buronniers, ces bergers appelés ainsi pour le « buron », leur abri de pierre durant l'estive. Cette maison basse de basalte et de schiste, recouverte de lauzes, se trouve généralement enfoncée dans un talus, voire enterrée dans le sol, à l'abri des vents dominants. Parfois, elle se divise en deux bâtisses dont la plus petite était dévolue aux cochons. À l'étage, le grenier sert de chambre à coucher et de réserve de foin. Au rez-de-chaussée, les buronniers sous les ordres du Cantalès (chef) profitent de l'estive pour mouler la fourme ou la tomme.

Aujourd'hui encore, on fabrique ces fromages dont le Laguiole est le plus connu, selon une recette ancestrale que l'on attribue aux moines de la domerie d'Aubrac au XIIe siècle.

Le caillé, séparé du petit-lait, est égoutté dans un moule, puis lentement pressé. À ce stade, la tomme est utilisée pour l'aligot : plat national de l'Aubrac. Broyée et salée avant de mûrir 40 jours en cave, elle deviendra ce volumineux fromage à croûte craquante de 40 kg que les ignorants associent à tort au cantal. Un bon buron pouvait produire de 1,5 à 2 tonnes de Laguiole. Mais les traditions se perdent. Depuis longtemps, les monts d'Aubrac ne résonnent plus de l'ahuc : ces mélopées que se renvoyaient les buronniers. Sur les 300 burons que comptait l'Aubrac au début du siècle, seuls deux restent en activité : l'un près de Nasbinals, l'autre près d'Aubrac. Les derniers buronniers sont en voie de disparition, et avec eux la fabrication artisanale de la tomme.

UN DES DERNIERS BURONNIERS DE L'AUBRAC / PHOTO J.-F. SALLES.

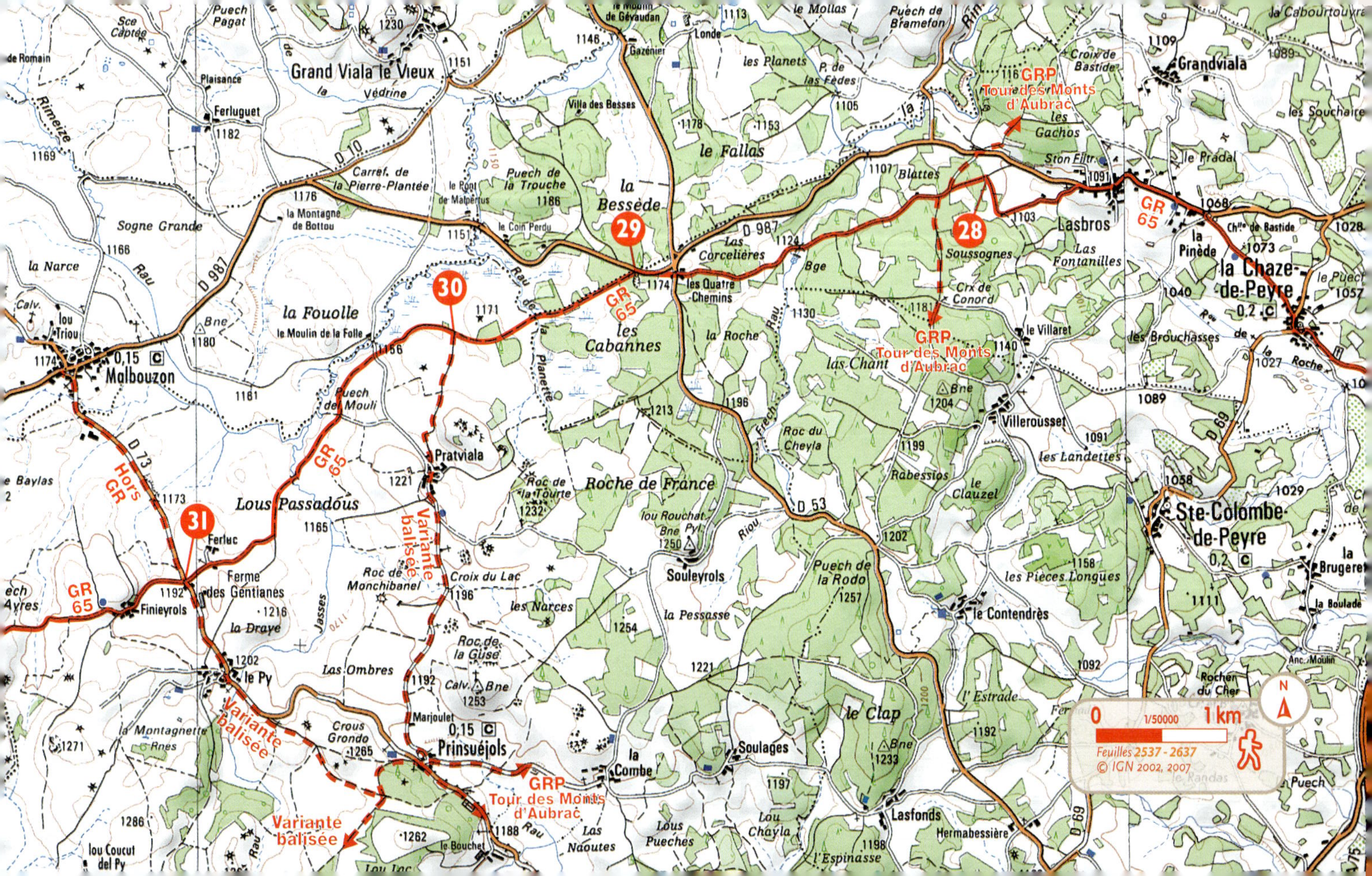

GR 65
28
29
30
31
GRP Tour des Monts d'Aubrac
Variante balisée
Hors GR
Grand Viala le Vieux
Malbouzon
la Fouolle
Lous Passadous
Pratviala
Prinsuéjols
le Py
Finieyrols
Ferme des Gentianes
Ferluc
la Bessède
le Fallas
les Quatre Chemins
les Cabannes
Roche de France
Souleyrols
la Pessasse
la Combe
Soulages
Lasfonds
le Clap
Puech de la Rodo
le Contendrès
Villerousset
Rabessios
le Clauzel
Lasbros
Soussognes
la Chaze-de-Peyre
Ste-Colombe-de-Peyre
Grandviala
la Brugere
les Pièces Longues
les Landettes
D 987
D 73
D 53
D 69
D 10
0 1/50000 1 km
Feuilles 2537 - 2637
© IGN 2002, 2007

De La Chaze-de-Peyre à Lasbros

2 km 30 mn

> Sur la place de l'Église, deux croix : l'une début du XVIIIe, avec sur la face le Christ et au dos la Vierge ; l'autre du début du XIXe, plus grande, en trois corps à peu près égaux dont le fût est une colonne à chapiteau portant le croisillon. L'église : nef remaniée en 1728, après un effondrement causé par la chute du clocher, reconstruit en 1852 ; portail moderne ; côté nord, chapelle gothique de 1522 ; abside semi-circulaire à modillons sculptés avec têtes d'hommes et d'animaux.

À la sortie nord-ouest de La Chaze-de-Peyre, le GR® emprunte la route jusqu'à la chapelle de Bastide.

[> Ce sanctuaire, appelé aussi « la chapelette », a été remanié à diverses époques et a successivement porté les noms de la Trinité, de la Sainte-Croix, puis de Notre-Dame-de-la-Salette]. À la chapelle de Bastide, le GR® suit à gauche la D 987 [> ancienne voie romaine d'Agrippa] jusqu'à Lasbros (1 097 m).

De Lasbros aux Quatre-Chemins

4 km 1 h

À Lasbros >

À la sortie ouest de Lasbros, le GR® quitte la route pour descendre à gauche un chemin goudronné ; plus loin, il tourne à droite (nord), remonte le long d'un ruisseau.

28 Emprunter ensuite à gauche (sud-ouest) la « route vieille » qui, plus loin, franchit le ruisseau de Riou Frech, puis remonte jusqu'au carrefour des Quatre-Chemins.

Des Quatre-Chemins au moulin de la Folle

2,5 km 45 mn

Aux Quatre-Chemins >

Aux Quatre-Chemins, suivre la D 987 vers l'ouest sur 400 m.

29 Bifurquer à gauche (sud-ouest) sur un chemin qui traverse un bois puis un pré marécageux à droite en suivant une clôture de barbelés et franchir à gué le ruisseau de la Planette. S'élever ensuite par un chemin qui contourne un mamelon.

> **Variante > pour Prinsuéjols** 3 km 45 mn
>
> Suivre à gauche (sud) le chemin passant par Pratviala. De Prinsuéjols (1 025 m), possibilité de rejoindre directement le GR® 65 au repère **31** (voir tracé sur la carte).

30 Le GR® 65 conduit au carrefour de la route de Pratviala, à proximité du moulin de la Folle (1 156 m).

Du moulin de la Folle à la route D 73 (Finieyrols)

2,5 km 45 mn

À la ferme des Gentianes > *(avec table d'hôtes)*

Près du moulin de la Folle, traverser la route reliant Pratviala à Prinsuéjols, longer à distance la Rimeize, franchir un pont de dalles de granit, arriver à la croix de Ferluc, laisser sur la droite la ferme et, par un chemin revêtu atteindre la route D 73 (1 192 m).

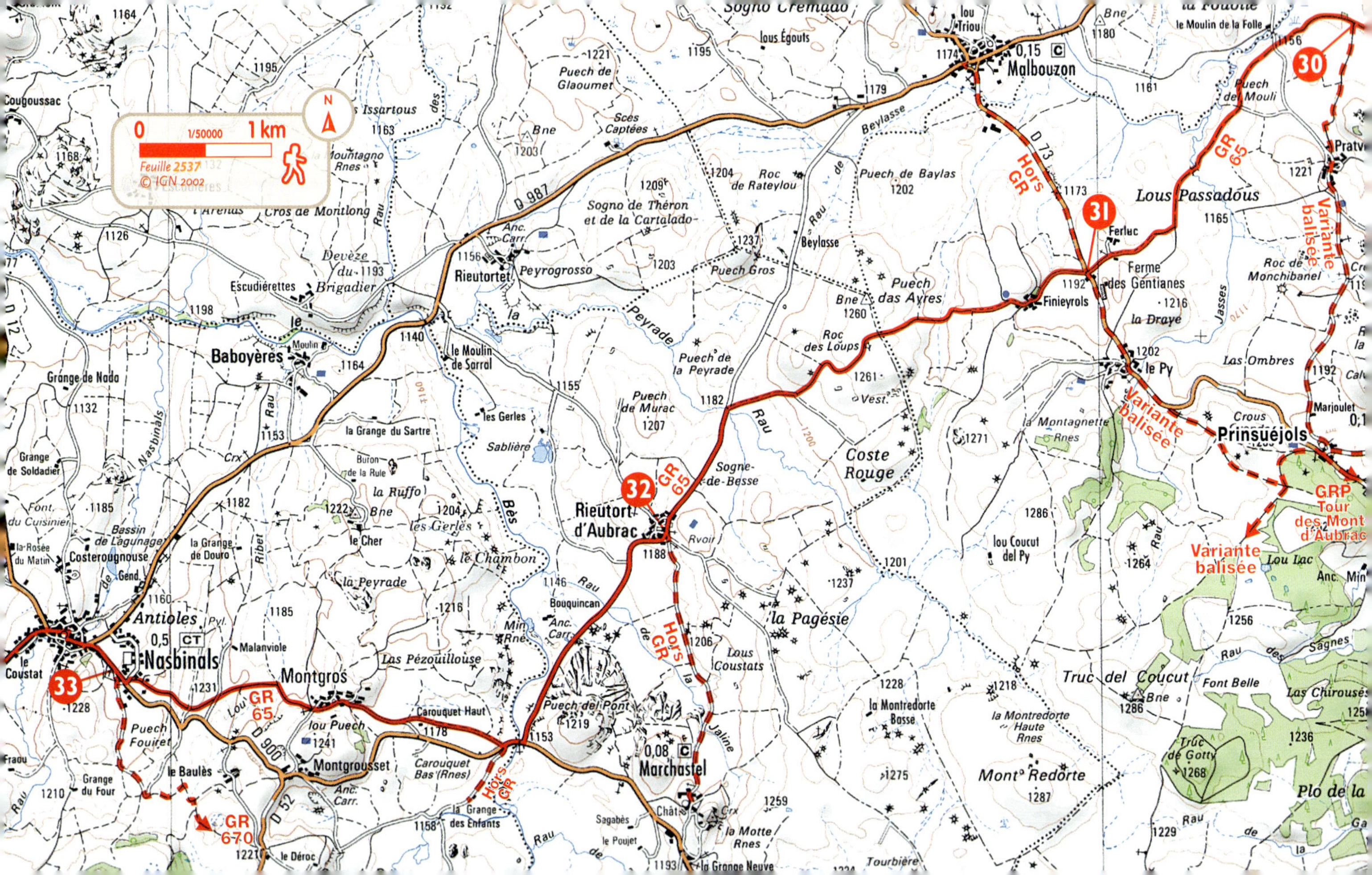

0 1/50000 1 km
Feuille 2537
© IGN 2002
N
30
31
32
33
GR 65
Hors GR
Variante balisée
GRP Tour des Monts d'Aubrac
GR 670
Malbouzon
Prinsuéjols
Lous Passadous
Ferluc
Ferme des Gentianes
Finieyrols
le Py
Rieutort d'Aubrac
Marchastel
Nasbinals
Montgros
Montgrousset
Antioles
Baboyères
Rieutortet
Peyrogrosso
Coste Rouge
la Pagésie
Truc del Coucut
Mont Redorte
Plo de la
Lou Lac
Puech de Baylas
Roc des Loups
Puech das Ayres
Sogno de Théron et de la Cartalado
Puech de la Peyrade
Puech de Murac
Puech del Pont
Carouquet Haut
lou Puech
D 987
D 73
D 900
D 52
D 12

Hors GR® > pour Malbouzon 1,5 km 20 mn

Suivre la D 73 à droite.

Variante > pour Prinsuéjols 2,5 km 35 mn

Voir le tracé en tirets sur la carte.

De la route D 73 (Finieyrols) à Rieutort-d'Aubrac

4,5 km 1 h 15

À Finieyrols >

31 Traverser la D 73. Par une route vers l'ouest, gagner le hameau de Finieyrols. De là, s'engager à droite sur un chemin qui s'élève vers l'ouest-sud-ouest en suivant une clôture de barbelés. Au sommet de la colline (1 273 m), on aperçoit le roc des Loups. Déboucher sur la Grande Draille que l'on emprunte à droite pour descendre au pont sur la Peyrade. Prendre à gauche la route jusqu'à Rieutort-d'Aubrac (1 188 m).

Hors GR® > pour Marchastel 2 km 30 mn

Voir le tracé en tirets sur la carte.

De Rieutort-d'Aubrac à Montgros

3,5 km 1 h

À Rieutort-d'Aubrac >

> Four banal et deux abreuvoirs-fontaines de granit.

32 À Rieutort-d'Aubrac, le GR® 65 emprunte vers le sud-ouest la route menant au pont de Marchastel. Rejoindre la D 900.

> À droite, un élevage de bovins a remplacé le moulin de Buckingham, du nom du célèbre capitaine anglais qui y subit une défaite. Ce site est dénommé dans le pays « moulin de Bounquincan ».

Le GR® franchit le pont avec la D 900.

> En suivant à gauche la petite route vers le lieu-dit de la Grange des Enfants, possibilité d'hébergement à 500 m (chambres et table d'hôtes).

S'engager à droite (ouest) sur un chemin conduisant à Montgros (1 234 m).

De Montgros à Nasbinals

3 km 45 mn

À Montgros >

À la sortie de Montgros, laisser à gauche la route de Montgrousset et continuer à l'ouest vers Nasbinals (1 180 m). À l'entrée de la ville, traverser la D 900.

> Jonction avec le GR® 670 ou chemin Urbain V qui part plein sud vers la cascade du Déroc.

PLANTES DE L'AUBRAC

Le thé d'Aubrac

Parmi les quelque 12 800 plantes qui poussent sur les ondulations de l'Aubrac, dont l'armoise, la digitale, l'arnica et la menthe sauvage, le thé d'Aubrac est une spécialité locale. Appelé aussi « calament », il se reconnaît à ses feuilles argentées, ses grappes de fleurs roses et son odeur suave. Ses fleurs recueillies en été avant d'être séchées, produisent une infusion reconnue pour ses qualités toniques, sédatives et digestives.

La gentiane

Portant haut ses fleurs jaunes, la gentiane aux larges feuilles coriaces pousse sur les versants les plus sauvages de l'Aubrac, qu'elle égaie de ses couleurs vives. Il faut attendre une trentaine d'années pour que les racines fourchues puissent être utilisées. Armé d'une pioche à deux longues dents, le « gintianaïre » arrache ces racines de plus d'un mètre, à l'odeur forte et la saveur amère. Il peut ainsi récolter jusqu'à 300 kg de racines en une journée. Appréciées pour leurs vertus apéritives, toniques et fébrifuges, elles entrent directement dans la composition d'apéritifs, ou sont mises à sécher pour l'industrie pharmaceutique.

LA GENTIANE POU
SUR LES VERSANTS
L'AUBRAC /
PHOTO J.-F. SALLES

LA DIGITALE,
FLEUR DE L'AUBRAC /
PHOTO J.-F. SALLES

L'AUBRAC, VERS BONNECOMBE /
PHOTO MARIE HUGON

HISTOIRE

LE CHEMIN DE SAINT-GUILHEM-LE-DÉSERT

Lors des grands pèlerinages du Moyen Âge, les milliers de pèlerins, se rendant à Saint-Jacques-de-Compostelle, empruntaient des voies est-ouest traversant le Massif central (essentiellement le chemin du Puy-en-Velay ou Via Podensis, devenu GR® 65) ou ses bordures (notamment le chemin d'Arles ou Via Tolosa, devenu GR® 653) ; mais les pèlerins pouvaient aussi emprunter des voies orientées nord-sud, tel le chemin de Saint-Guilhem-le-Désert permettant aux pèlerins de se rendre à l'abbaye de Gellone (créée en l'an 804), située sur le chemin d'Arles.
Cette voie était depuis des siècles draille ou voie de transhumance pour les ovins rejoignant les estives d'altitude, mais aussi voie commerciale permettant aux marchands et colporteurs de transporter huiles, vins et sels depuis les plaines languedociennes vers les montagnes du Massif central.
Trait d'union entre l'Aubrac et le Languedoc, le chemin de Saint-Guilhem est un chemin aux milles paysages, en commençant par les pâturages de l'Aubrac puis la traversée du Lot et du causse de Sauveterre, avant de croiser le Tarn à Sainte-Énimie ; c'est ensuite le causse Méjean, Meyrueis et la Jonte attendent le randonneur avant la traversée des forets de l'Aigoual, la descente vers la vallée de l'Arre et le Vigan, puis la remontée vers le causse de Blandas et la plongée rapide vers un Grand Site : le cirque de Navacelles. C'est en traversant l'extrémité orientale du Larzac que l'on atteint enfin Saint-Guilhem-le-Désert : au total 237 km à travers quatre départements.

HISTOIRE

LE CHEMIN URBAIN V OU GR® 670

Partez sur les traces d'un grand humaniste, né en Lozère (à Grizac près du Pont-de-Montvert) et dont la carrière ecclésiastique l'amena au Palais des Papes en Avignon où il décéda en 1370. Juriste de formation, il intégra, dans un deuxième temps, l'ordre des bénédictins dans un monastère lozérien avant de partir voyager dans son département, puis au-delà vers Marseille, Auxerre, Montpellier, Toulouse… Partout où il séjourna, il laissa des traces indélébiles : création ou rénovation d'églises ou de chapelles, ouverture de classes où l'enseignement délivré était gratuit… Il fut élu pape (à l'époque où la papauté régnait en Avignon) sans avoir été archevêque ou cardinal.
Traversant la Lozère du nord-ouest (Nasbinals) vers le sud-est (Florac) en passant par Mende, le chemin Urbain V rejoint ensuite les vallées cévenoles lozériennes puis gardoises (territoire inscrit au Patrimoine mondial de l'Humanité). Puis c'est en longeant, de loin ou de près, la vallée du Gardon que l'itinéraire accède à Vézénobres puis à Uzès, avant d'atteindre le Pont du Gard (lui aussi inscrit au Patrimoine mondial de l'Humanité). Et c'est à travers la garrigue du Gard rhodanien que le chemin Urbain V se rapproche d'Avignon, après avoir parcouru au total 310 km.

0 1/50000 1 km
Feuilles 2537
2538
© IGN 2001, 2002
N
Nasbinals
Antioles
Montgros
Montgrousset
le Coustat
Aubrac
Puy de Gudette
les Truques d'Aubrac
Bois de St-Urcize
de Régambal
Station de Ski de Nasbinals
Lac des Moines
Lac de Saint-Andéol
Lac des Salhiens
la Bessière
Puech Saint-Geniez
L. de Souveyrols
Crx des Trois Evêques
Hors GR
GR 65
GR 670
GR 6A
Variante non balisée
33
34
35
36
D 987
D 900
D 52
D 15
D 533

De Nasbinals au sentier de Ginestouse

6 km | 1 h 45

À Nasbinals >

> Nasbinals : église romane du XIVe siècle, construite en basalte brun sous ses toits de schiste. Elle développe un plan harmonieux de nef unique, compris par un transept sur lequel se greffe l'abside principale précédée d'une travée droite et de deux absidioles. Le clocher octogonal coiffe la croisée. Le portail, à double voussure en plein cintre, s'ouvre au sud sur la place du village : trois de ces chapiteaux sont sculptés de feuillage, le quatrième, remarquable, présente le combat d'un sagittaire et d'un lancier. À l'intérieur, la coupole couvre la croisée délimitée par quatre fortes arcades doublées que supportent des colonnes massives. Le pourtour polygonal de l'abside est enjolivé d'une galerie de petites arcadures en plein cintre (d'après R. Oursel).

33 Passer devant l'entrée du cimetière, emprunter le sentier parallèle et à gauche de la route pour descendre à Nasbinals.

> Au carrefour, séparation du GR® 670 qui prend son départ du foirail.

Prendre en face la rue de la Pharmacie. Le GR® traverse Nasbinals et suit la D 987 en direction d'Aubrac jusqu'au lieu-dit Le Coustat où il prend à droite une route, puis un chemin empierré menant au pont de Pascalet sur le ruisseau de Chambouliès.

34 Franchir le pont et emprunter d'abord sous bois, ensuite en terrain dégagé, une draille partiellement marquée qui monte vers deux burons, s'oriente vers le sud puis vers l'ouest, et, à travers des pâturages, se dirige vers le buron de Ginestouse-Haut. Le laisser au nord-ouest. Poursuivant vers le sud par une trace, le GR® croise le sentier de la ferme de Ginestouse (1 315 m) située à l'est, hors GR®.

À partir de ce point, déviation obligatoire pour les randonneurs accompagnés d'animaux. Prendre le chemin qui monte à gauche et rejoindre Aubrac par la route, suivre le flèchage.

> À 1 km à l'ouest, possibilité d'aller à la croix des Trois-Evêques (non balisé).

Du sentier de la ferme de Ginestouse à Aubrac

3 km | 45 mn

35 Du sentier de la ferme de Ginestouse, le GR® suit la Grande Draille qui se dirige plein sud vers Aubrac (1 307 m).

L'ÉGLISE DE NASBINALS, EN AUBRAC / PHOTO L. OLIVIER

AUBRAC

ÉGLISE NOTRE-DAME-DES-PAUVRES / PHOTO COMITÉ AVEYRON

C'est en « un lieu d'horreur et de vaste solitude », soumis à des froids rigoureux (1 300 m d'altitude), et infesté par les loups et les bandits, qu'Adalard, pèlerin de Compostelle d'origine flamande, a fondé l'hospice d'Aubrac entre 1120 et 1122.

Les locaux furent édifiés en bordure du chemin et comportaient une église (l'actuelle église Notre-Dame-des-Pauvres), des bâtiments conventuels (aujourd'hui complètement disparus), un hôpital (dont le petit bâtiment à fenêtres à meneaux, sur le côté droit de la route en venant de Nasbinals, face au cimetière, est l'ultime vestige), une auberge et un cimetière. Quant à la tour des Anglais, érigée à proximité de l'église, c'est une fortification datant de l'époque de la guerre de Cent Ans qui se révéla parfaitement inutile.

Un hôpital (au sens médiéval du terme : maison des hôtes) comme celui d'Aubrac, tenu par les chanoines réguliers de saint Augustin (dont le rôle a été aussi important, si ce n'est plus, que celui des Clunisiens pour secours apportés aux pèlerins), pratiquait, au bénéfice des pieux voyageurs, les « œuvres de miséricorde » corporelles et spirituelles. Dès leur arrivée, les pèlerins étaient accueillis par le « Dom » (chef de la communauté, du latin dominus, d'où le nom de « domerie » donné à l'hôpital d'Aubrac) qui se mettait à leur service et leur offrait de l'eau pour se laver les mains. Puis, l'ensemble de la communauté leur préparait de la nourriture et un bon lit, leur prodiguait quelques soins hygiéniques fort bien venus après une longue marche : « lavement des pieds » à l'eau chaude et « nettoiement des vêtements » pour les débarrasser des poux et « souillures » de la route.

Dans tous ces gestes, le symbolique est intimement mêlé à l'utile. Les allusions à l'Écriture sont évidentes : accueillir un pauvre, n'est-ce pas accueillir le Christ en personne ?

Les donats, les frères et les sœurs

Les pèlerins malades étaient reçus dans un local spécial : l'infirmerie. La crainte des épidémies interdisait, en effet, de les mêler aux bien portants. C'étaient les sœurs qui étaient en charge des malades : elles veillaient à leur assurer une nourriture plus recherchée, de meilleurs lits bien garnis et un éclairage permanent de façon à leur épargner les angoisses nocturnes. Des soins d'hygiène plus raffinés leur étaient assurés, comme se laver à l'eau courante ou prendre des bains. Les malades pouvaient séjourner à l'infirmerie jusqu'à leur guérison. Leurs éventuels compagnons de voyage étaient autorisés à les attendre. Quant à ceux qui achevaient là leur pèlerinage de vie, on pratiquait pour eux l'ultime œuvre de miséricorde spirituelle en leur donnant une sépulture chrétienne dans le cimetière de l'établissement.

Pour rendre pareils services, la communauté hospitalière était assez nombreuse et répartie en plusieurs catégories : les donats, personnes ayant fait don d'elles-mêmes à la communauté pour se mettre « au service des frères » ; les frères (et sœurs) auxquels incombait la responsabilité du fonctionnement quotidien de l'hôpital ; les chevaliers qui devaient sillonner les routes des alentours pour les surveiller et protéger les voyageurs, voire retrouver les égarés lorsque la « cloche des perdus » ne tintait pas ; enfin les prêtres, qui assuraient la charge spirituelle de l'hôpital par la célébration de l'office divin et l'administration des sacrements, fonction, dans l'esprit médiéval, plus importante que celles qui consistaient à soulager les corps : ils furent jusqu'à 40 alors que les chevaliers ne furent jamais plus de 4 et les sœurs soignantes 30.

On ne saura jamais si cet effectif était adapté au nombre de pèlerins à accueillir. Aucune statistique n'était tenue au Moyen Âge et on ne peut pas savoir combien de pèlerins se présentaient chaque jour. Leur nombre étaitsans doute très variable selon les saisons et les années...

Peut-être n'étaient-ils pas plus nombreux que les pèlerins d'aujourd'hui... ?

TRADITIONS

RITES DU DÉPART

Le départ en pèlerinage, voyage lointain et non sans dangers, donnait lieu à l'accomplissement d'un certain rituel.

Tout d'abord, les pèlerins se faisaient bénir et remettre les éléments de base de leur équipement, le bourdon et la besace, par le curé de leur paroisse qui, en même temps, leur remettait un sauf-conduit attestant de leur qualité.

Ensuite, venaient les précautions plus matérielles, comme des donations à des établissements religieux, ou (à partir de la fin du XIIe siècle) la rédaction d'un testament pour le cas où le voyage tournerait mal.

Enfin, bien souvent (surtout lorsqu'il existait localement une confrérie de pèlerins), les membres de l'entourage du partant avaient coutume de lui faire escorte, au moins jusqu'aux limites de la paroisse.

LE DÉPART DES PÈLERINS POUR COMPOSTELLE / PHOTO CDT AVEYRON

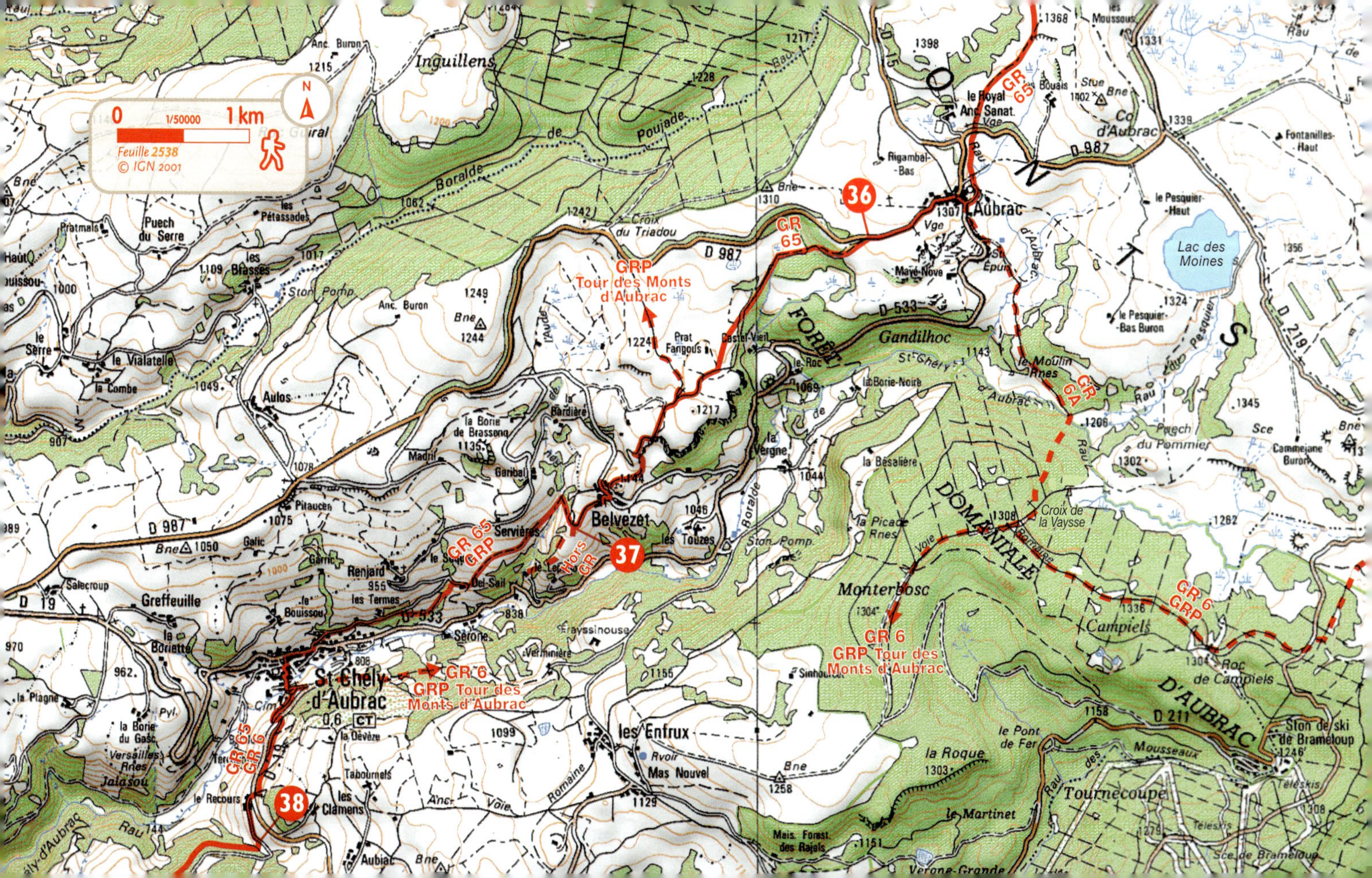

0
1/50000
1 km
N
Feuille 2538
© IGN 2001
GR 65
GR 6A
GR 6
GRP
GRP Tour des Monts d'Aubrac
GR 6 GRP Tour des Monts d'Aubrac
Hors GR
GR 65 GRP
GR 65 GR 6
36
37
38
Aubrac
St-Chély-d'Aubrac
Belvezet
Lac des Moines
FORÊT DOMANIALE D'AUBRAC
Inguillens
Boralde de Poujade
Croix du Triadou
D 987
D 533
D 219
D 211
D 19
Gandilhoc
le Royal
Anc. Sanat.
Rigambal-Bas
Mayé-Nove
le Pesquier-Haut
le Pesquier-Bas Buron
Fontanilles-Haut
Castel-Vieil
Prat Fangous
le Roc
la Borie-Noire
la Vergne
la Bésalière
les Touzes
Servières
Garibal
la Bardière
la Borie de Brassonq
Madrit
Aulos
Pitaucen
Galic
Renjard
les Termes
Greffeuille
le Bouissou
Salecroup
le Boriette
la Plagne
la Borie du Gasc
Versailles
Jalasou
le Recours
les Clamens
Tabournels
la Dévèze
Aubiac
les Enfrux
Mas Nouvel
Verminiere
Sérone
Fayssinouse
Monterbosc
Campiels
Roc de Campiels
Croix de la Vaysse
Puech du Pommier
Cammejane Buron
le Moulin
Tournecoupe
Mousseaux
la Roque
le Pont de Fer
le Martinet
Mais. Forest. des Rajals
Verone-Grande
Ston de ski de Brameloup
Téleskis
Puech du Serre
Pratmals
le Vialatelle
la Combe
le Serre
les Brasses
les Pétassades
Anc. Buron
Ston Pomp.

> Le sentier entre dans le département de l'Aveyron. Le GR® 65 « Chemin de Saint-Jacques de Compostelle » en Aveyron (110 km) bénéficie d'un vaste programme de valorisation avec la mise en place de travaux de sécurisation, d'aménagements de confort, d'amélioration de gîtes d'étape et de mise en place d'un dispositif d'interprétation afin d'améliorer les conditions de randonnée, d'accueil et de découverte de nos territoires. Ces opérations sont conduites par les collectivités locales, le Pays du Haut Rouergue, le Conseil général de l'Aveyron, la Région Midi Pyrénées, l'État et l'Europe.
www.st-jacques-aveyron.com : le guide multimédia du randonneur, pour préparer votre voyage et vous accompagner tout au long de votre itinérance, au fil de votre découverte patrimoniale du chemin de Saint-Jacques-de-Compostelle en Aveyron. À télécharger sur smartphone et tablettes.

D'Aubrac à Belvezet — 4 km — 1 h

À Aubrac >

> À Aubrac, les pèlerins étaient reçus par les moines de la domerie, « le grand Saint-Bernard de la France » selon Chateaubriand. Seules subsistent l'église et une tour portant la « cloche des Perdus », qui sonnait pour les pèlerins égarés dans l'Aubrac. Dans l'église, une statue représente saint Jacques en pèlerin.

> Point de jonction avec le GR® 6A.

Sur la place d'Aubrac, ne pas suivre le GR® 6A (direction sud-est), mais longer la départementale D 987 en direction d'Espalion sur 500 m (ouest).

36 La quitter pour s'engager, à gauche, dans un sentier traversant un bosquet, puis une clairière. Franchir à gué un ruisseau, suivre un large chemin d'exploitation. Dans la descente, laisser tous les chemins à droite. En vue de la tour en ruines, prendre un chemin étroit à gauche qui conduit au pied du neck volcanique de Belvezet (1 144 m), piton portant les ruines d'un donjon. Le contourner et arriver à Belvezet.

De Belvezet à Saint-Chély-d'Aubrac — 4 km — 1 h

> Sur le rocher, restent des vestiges du château des seigneurs de Belvezet connus dès le XIIIe siècle. Ils avaient leur tombeau à Saint-Côme dans la chapelle de la Boysse (ou de la Bouisse).

Après la dernière maison de Belvezet, le chemin s'enfonce entre les frênes ; après 300 m, à un carrefour (grandes dalles en pierre), bifurquer à gauche.

Hors GR® > pour Sarbonnel — 500 m — 5 mn

37 Descendre à gauche par un chemin creux, franchir le ruisseau de l'Aude et rejoindre vers la ferme de La Vayssière (Deil Sail). S'enfoncer à gauche dans un chemin. Passer aux abords d'anciennes ruines, franchir un ruisseau sur une passerelle et rejoindre la route de Saint-Chély-d'Aubrac par un sentier bordé de murets.

> La première fondation monastique de Saint-Chély-d'Aubrac remonte aux années 1076-1082 ; elle est l'œuvre des Bénédictins de Saint-Victor de Marseille. Ceux-ci se sont installés à Nasbinals en 1074, ce qui signifie qu'en six ans maximum, grâce à ces deux fondations, la traversée de l'Aubrac s'est trouvée largement modifiée et grandement améliorée. On imagine que des prieurés voisins, appartenant qui plus est à la même abbaye, devaient entretenir entre eux des relations très régulières. Tandis qu'auparavant il fallait couvrir presque 120 km entre les prieurés de Saint-Privat et de Perse, à partir de 1082 une halte devint possible à Nasbinals, puis à Saint-Chély.

0
1/50000
1 km
Feuilles 2438 - 2538
© IGN 2001, 2006
N
GR 65
GRP
St-Chély-d'Aubrac
38
39
40
41
42
GR 65
GR 6
le Pouget-Jouve
Vergnoles
les Garrigues
les Ranquets
Razals
Régaussou
Ambessière
la Lande
Prat
Lac
Salgues Hautes
Salgues Basses
les Horts
l'Estrade
la Vernière
Fraissinies
Valesques
le Mas del Rey
la Forêt
la Caze
la Combe
la Coste
Marjoler
la Pomarède
Brégous
Raynals
Joanneng
Castelnau-de-Mandailles
Bonauberg
Gilhodes
la Perdiserie
Rhouzailles
la Molière
Brousse
Mas del Puech
la Rozière
Grèzes
Levers
Cinqpeyres
Martillergues
Vincent
Belloup
Bel-Air
Cayras
Vignac
Lestival
Vernet
la Trappe
Beauregard
le Cambon
Sistерne
les Veyssets
Vennac
Pelorgues
la Bessière
Boralde de St-Chély-d'Aubrac
les Cambrassats
Conailles
Pradinas
les Moissets
les Poujouls
les Mirabels
Sce Captée
les Clamens
Tabourne
la Devèze
Greffeuille
Salecroup
Cabassuts
la Porro
la Plagne
la Borie du Gasc
Versailles
Galic
Garric
Renjard
les Termes
les Mases
Pontil
le Teil
le Puech
le Cayrel
D 987
D 19
D 590

De Saint-Chély-d'Aubrac à Saint-Côme-d'Olt

16 km 4 h 15

À Saint-Chély-d'Aubrac >

> À Saint-Chély, on peut remarquer le calvaire du XVIe siècle sur le vieux pont (classé au patrimoine mondial de l'Unesco) qui enjambe la Boralde. Sur le socle au pied de la croix, un petit pèlerin est sculpté dans la pierre, il tient son bourdon (bâton) et égrène son chapelet.

Dans Saint-Chély, traverser la place de la Mairie, emprunter à gauche la rue longeant l'école et descendre vers le vieux pont qui enjambe la Boralde de Saint-Chély.

> Jonction avec le GR® 6 venant du Pendouliou-de-Fabrègues et des Enfrux.
Direction sud sud-est, les GR® 6 et GR® 65 ont un tracé commun jusqu'à Figeac.

Après le pont, monter à droite pour passer au-dessus du cimetière et atteindre la D 19. L'emprunter à gauche pour descendre sur quelques mètres, traverser (**⚠ > prudence**), virer en épingle à droite pour suivre un chemin surplombant la D 19. Traverser (**⚠ > prudence**), remonter sur 100 m la D 19 et rejoindre à gauche le hameau du Recours.

38 Après ce hameau, les GR® s'enfoncent à droite dans un chemin de terre traversant une hêtraie. Retrouver la route *(toilettes sèches)* et arriver aux Cambrassats. Après la première maison, emprunter un sentier à gauche. Passer à Foyt et prendre le premier sentier à droite. Retrouver la route et la suivre à droite. Laisser sur la gauche la route qui va à Vennac et plus loin sur la droite, la route qui mène à La Bessière.

39 À l'intersection suivante, prendre à droite le chemin menant à Lestrade. Traverser ce hameau. Suivre le balisage pour atteindre un large chemin. Traverser une châtaigneraie dans la direction sud-sud-ouest, couper une route et prendre un chemin pour descendre jusqu'au ruisseau de Cancels qu'il faut franchir à gué. Remonter jusqu'à la route. La suivre à droite sur 200 m.

39 Au carrefour avec la D 557, s'engager en face dans un chemin creux qui passe sur un vieux pont (à peine visible tant la végétation est dense) et rejoindre la D 557 qu'il faut suivre sur 350 m.

SAINT-CÔME-D'OLT / PHOTO COMITÉ AVEYRON

Espalion
St-Côme-d'Olt
Flaujac
Alayrac
Nadailhac
Raynals
Bonauberg
Gilhodes
Rignoailles
La Rozière
Grèzes
Cinqpeyres
la Rigaldie
Martillergues
Sonilhac
le Gircoules
le Bousquet d'Olt
Lévinhac
Albiac
Notre-Dame d'Albiac
Boussigues
Combes
Coste Vieille
Combret
Calmont d'Olt
Bouquies
les Malennes
Eglise de Perse
Butel
la Brucaterie
le Segala
la Fresquette
Couvent de Malet
Puech de Levade
Saupiac
Saulieux
Ayrolles
Carbonnelle
Pussac
Falguières
Banquets
la Coutarie
Soulsac
Cassagnettes
Puech Long
le Lot
GR 65
GR 6
GR 620
Variante non balisée
40
41
42
43
44
D 987
D 920
D 921
D 141
D 206
D 6
D 636
0
1/50000
1 km
Feuille 2438
© IGN 2006

41 Prendre à droite un chemin creux puis une piste qui grimpe vers La Rozière. Passer devant la fontaine, continuer tout droit (laisser les routes à droite) et s'engager dans un large chemin. Le quitter 250 m plus bas pour emprunter un sentier étroit qui descend et remonte, passe derrière une première maison et près d'une seconde maison.

42 Suivre la route sur quelques mètres, puis s'engager à gauche sur un chemin qui passe entre les vieilles vignes [> vue sur Saint-Côme]. À l'intersection située en bas de la côte, tourner à droite pour entrer dans Cinqpeyres. Regagner Saint-Côme par un chemin parallèle à la D 587, se faufilant entre les maisons. Traverser la D 587 au carrefour et poursuivre. Passer sous la route et remonter la rue Mathat pour arriver sur la place de la Porte-Neuve de Saint-Côme-d'Olt (385 m).

De Saint-Côme-d'Olt à Espalion

9,5 km **1 h 40**

À Saint-Côme-d'Olt >

> Point de jonction avec le GR® 620, qui au sud, se dirige vers Inières.

> De l'entrée du vieux chemin des pèlerins, dans Saint-Côme-d'Olt on aperçoit la vieille église romane de la Bouysse (XIIe siècle). Elle servit longtemps de siège aux Pénitents blancs. À proximité, il existait un hôpital où s'arrêtaient les pèlerins de Saint-Jacques. L'église paroissiale dédiée à saint Côme et saint Damien a été construite en 1522, agrandissant celle qui existait depuis le XIIIe siècle. Elle possède un curieux clocher « tors » ou « flammé », un portail avec des vantaux sculptés Renaissance.

Pour sortir de Saint-Côme d'Olt, prendre la rue du Terral et emprunter à droite la D 6 (direction Saint-Geniez). Franchir le pont sur le Lot et bifurquer à droite sur la route qui longe le Lot rive gauche sur 1,5 km.

> Départ à droite d'une variante non balisée (pour éviter la montée abrupte de l'itinéraire principal). Emprunter la petite route qui passe à Combes ( ). Après le pont et avant le terrain de camping, prendre à gauche un large chemin qui aboutit à l'église de Perse.

43 S'engager à gauche (**> dénivelée assez importante après la carrière)** dans un chemin qui monte en corniche au-dessus de la vallée du Lot, au milieu des hêtres, chênes et châtaigniers. Le GR® atteint la crête et passe à proximité de la ferme de Combrès. Emprunter une route qui conduit à Costes Vieille. Reprendre un chemin de terre ; au premier carrefour descendre à droite. À une intersection, monter à gauche en ligne de crête. Redescendre au bas d'une ancienne carrière puis remonter. Traverser une propriété privée (**> passage autorisé exclusivement aux randonneurs pédestres)**. À la Vierge Notre-Dame-de-Vermus [> panorama sur la vallée du Lot], prendre un sentier à gauche, puis un chemin à droite (bien suivre le balisage). Descendre, passer près d'une ferme. Le chemin s'élargit et atteint un pont [> vue sur l'église de Perse ; pour la visite : monter à gauche].

44 Au pont, virer à droite le long des jardins, suivre le chemin, passer derrière le hall couvert pour rejoindre les berges du Lot. Suivre une large allée ombragée en laissant sur la gauche le camping [> à droite : Pont Vieux et Vieux Palais]. À la sortie du square, prendre en face la rue Saint-Joseph et bifurquer rue Arthur-Canel pour arriver au vieux pont. Tourner à gauche, longer le quai Henri-Affre, traverser le boulevard Joseph-Poulenc et poursuivre entre le Pont Neuf et la Maison des services du Conseil général.

TRADITIONS

UNE LAME BIEN TREMPÉE

LES COUTEAUX DE LAGUIOLE / PHOTO CDT AVEYRON

Si les forgerons de la région savent travailler l'acier et monter les lames depuis le Moyen Âge, on doit la création du fameux couteau « laguiole » à l'artisan Pierre Calmels en 1829. Depuis cinq générations, le secret de fabrication se transmet de père en fils. L'élaboration commence par la taille approximative d'une plaque d'acier et le façonnage de l'onglet, cette encoche qui serviraà ouvrir le couteau. Suit la trempe de la lame, chauffée au rouge, frappée au marteau sur l'enclume puis plongée dans l'eau. C'est cette opération qui va donner à la lame sa résistance et la qualité de son tranchant, après l'affûtage sur une meule de grès tournant dans l'eau. Enfin, la lame est polie sur une roue faite de disques de bois recouverts de cuir. Le manche est façonné à la lime, au grattoir et au papier de verre, percé à l'archet, poli à la « frotte » (disque recouvert de pâte à polir), puis assemblé à la lame avec ressort et montures en laiton. Autrefois en ivoire, le manche est désormais en bois ou en corne, caractéristique par son aspect doux et brillant, légèrement recourbé. Alliant le côté pratique à l'élégance, le laguiole est encore fabriqué dans quelques ateliers de Laguiole (à 30 km de Nasbinals) et hors de la région.

TRADITIONS

LE SABOT DU ROUERGUE

Parmi les métiers en voie de disparition, le sabotier du Rouergue avait une renommée s'étendant loin sur les régions voisines. Généralement taillés dans le noyer, le hêtre ou l'aulne, les « aveyronnais » étaient façonnés selon trois techniques distinctes. Le sabotier pouvait utiliser une hache à manche court ou une herminette. Il pouvait aussi se servir d'un paroir, c'est-à-dire appliquer un système de levier à la lame, ou encore creuser le sabot à l'aide d'un ciseau à lame courbe et de cuillères à tranchants latéraux.

SABOTIER DU ROUERGUE / PHOTO J.-F. SALLES

Les sabots étaient conçus selon leur utilisation. Il y avait ceux pour bêcher, ceux pour travailler dans la vigne ou ceux pour le purin... Ils variaient d'une région à l'autre ; le talon était carré en Lozère ou triangulaire en Aveyron.

Maison de l'Aveyron / photo Comité Aveyron

PATRIMOINE BÂTI

L'HABITAT EN AVEYRON

L'étonnante variété du sol de la région a conduit la maison aveyronnaise à mêler harmonieusement les matériaux, granit, schiste et grès. La plupart des constructions respectent l'orientation au sud, qui commande la forme du toit et la disposition des pièces. La maison traditionnelle rouergate, coiffée de lauzes, possède un étage où se trouve la salle commune, à laquelle on accède par un escalier extérieur en pierre. La cave et les entrepôts occupent le rez-de-chaussée. Au second, un grenier servait à entreposer céréales et châtaignes.

Le pays d'Olt se caractérise par ses belles demeures en pierre de taille aux teintes ocrées, dominées par un balcon abrité où l'on entassait autrefois les récoltes. La région conserve également quelques « Tavernals » ou « Tabernals », ces maisons de vigne en pierres sèches qui servaient d'abri et de remise pour les outils.

MILIEU NATUREL

LE PAYS D'OLT

C'est l'ancienne appellation du Lot qui a donné son nom au pays d'Olt, petite région géographique servant de piédestal à l'Aubrac. Si la rivière a parfois creusé d'étroites gorges dans la roche cristalline, elle s'élargit souvent en de larges bassins aux paresseux méandres piqués de bourgs évoquant l'Olt de jadis : Saint-Côme-d'Olt, Saint-Geniez-d'Olt, Saint-Laurent-d'Olt. Tables volcaniques noirâtres, causses blancs surgissant en corniches, terres gréseuses et argileuses des « rougiers » surplombent le Lot. Des hautes terres ruissellent une kyrielle de rivières torrentueuses : les « boraldes » aux eaux pures et poissonneuses, véritable trait d'union entre Lot et Aubrac. La rive gauche, au soleil de l'adret, offre ses terrasses escarpées plantées de vignes. Décimé par le phylloxera, le vignoble parvint pourtant à se maintenir vers Estaing et Entraygues où il obtint l'appellation. Du passé, le pays d'Olt a conservé les vestiges de nombreux ponts jetés au-dessus du Lot pour faciliter le passage des pèlerins. Certains, comme à Espalion, sont pourvus d'avant-becs dans lesquels étaient placées des croix et des statues religieuses.

Saint-Côme-d'Olt / photo Comité Aveyron

Espalion
Bessuéjouls
Estaing
Verrières
Coubisou
Sébrazac
Nadailhac
Alayrac
Coudoustrines
le Causse
le Colombier
Vinnac
le Bouissas
Trédou
les Camps
Beauregard
le Briffoul
la Rouquette
Majorac
Impers
la Plagne
Jonquières
Ambrans
la Bringuerie
Bouquiès
Calmont d'Olt
Lasbinals
Ayrolles
Carbonnelle
le Bousquet
D 920
D 556
D 100
D 987
GR 65
GR 6
44
45
46
47
0
1 km
1/50000
Feuille 2438
© IGN 2006

D'Espalion à Saint-Pierre-de-Bessuéjouls

3 km | 45 mn

À Espalion > *(boutiques services aux randonneurs en centre-ville)*

> L'existence des seigneurs de Calmont et leur château fort, installés depuis le xe siècle, domine les destinées de l'agglomération. Issus peut-être de fonctionnaires placés par Charlemagne pour le représenter en cette partie de son État, ces seigneurs puissants devaient maintenir leur tutelle jusqu'à la Révolution. Cependant, l'origine de la ville est encore plus ancienne car une voie romaine secondaire traversait le Lot à l'endroit où se trouve le Pont Vieux. Celui-ci, construit sous Saint Louis en pierre rose, était gardé à l'entrée et à la sortie par des tours fortifiées. Il avait remplacé un ouvrage plus simple qui existait antérieurement, des substructures retrouvées sur les culées apportant la preuve que le passage était depuis longtemps utilisé.

L'ancienne église Saint-Jean (xve siècle) abrite deux musées : le musée des Arts et Traditions populaires (Joseph-Vaylet) qui présente un intérieur traditionnel rouergat du xixe siècle, de nombreux objets de la vie quotidienne d'autrefois ainsi qu'une riche collection de bénitiers de chevets. Et aussi le musée du Scaphandre, qui a été créé autour des inventions de deux Espalionnais – Rouquayrol et Denayrouze – qui, en 1864, inventèrent le premier scaphandre autonome moderne de l'histoire de la plongée. En hommage à ces deux personnages, une statue du scaphandre a été posée en l'an 2000 au bord du Lot.

À Espalion, poursuivre le long du quai du 19 mars 1962, rester rive gauche. À la croix, bifurquer à gauche rue du Docteur Jean Capoulade entre les pavillons (vue sur le château de Calmont). Au carrefour, tourner à droite et suivre la rue Eugène Salettes, la quitter pour continuer sur le chemin de terre qui se rétrécit et atteint la D 556. La suivre sur 2 km.

45 Quitter la D 556 et suivre à gauche une petite route menant à Saint-Pierre-de-Bessuéjouls (335 m) (toilettes et eau potable).

De Saint-Pierre-de-Bessuéjouls à Estaing

8 km | 2 h 15

À Saint-Pierre-de-Bessuéjouls >

> À voir : la chapelle haute, romane, située au premier étage du clocher.

Le GR® franchit le vallon de Bessuéjouls et remonte par un sentier vers le nord-ouest sur le plateau, puis par un chemin goudronné, il gagne le hameau de Griffoul (orthographié à tort Briffoul sur la carte IGN). Un peu plus loin, prendre à droite (nord) un chemin de terre descendant en lacets sur le château de Beauregard et sur Trédou.

46 À la hauteur du cimetière de Trédou (point d'eau, aire de pique nique), le GR® part à gauche vers Les Camps (croix). Là, tourner à droite et, par une route, puis une succession de chemins d'exploitation, rejoindre le village de Verrières (toilettes) [> vieilles demeures]. Emprunter la D 556 à gauche, puis la D 100 à droite.

47 Continuer sur cette route, puis s'engager à gauche sur un sentier rejoignant à nouveau la D 100 que l'on suit jusqu'au pont d'Estaing (320 m).

TRADITIONS

ESTAING ET LA TRADITION DE LA SAINT-FLEURET

Sur le tronçon Perse-Conques, déjà bien équipé, la fondation, en 1081, de Saint-Fleuret-d'Estaing paraît quelque peu superflue et son rôle dans l'organisation du chemin de Saint-Jacques pourrait être mis en doute si, outre la « croix d'Estaing », au pied de laquelle figure un jacquet agenouillé, on ne relevait la curieuse tradition locale de la procession de la Saint-Fleuret. Le premier dimanche de juillet, jour de la fête du saint, une grande procession parcourt le bourg. Des personnages en ayant marqué l'histoire y figurent. On trouve parmi eux des pèlerins de Saint-Jacques. Cette tradition est établie parce que la fête du saint local était d'ordinaire le jour choisi pour partir vers Saint-Jacques et atteindre la cité sainte le 25 juillet, jour de la fête de Jacques le Majeur. Lors des années saintes, le trajet (1 300 km) devait être couvert en 22 jours, soit à une cadence journalière de 59 km, ce qui correspond exactement au rythme du *Guide*.

LES RELIQUES DE SAINT-FLEURET / PHOTO M. WASIELEWSKI

HISTOIRE

PÈLERINAGES MAJEURS ET PÈLERINAGES MINEURS

On range aujourd'hui dans la catégorie des pèlerinages « majeurs » les trois plus fameux pèlerinages de la chrétienté : Jérusalem, Rome et Saint-Jacques-de-Compostelle. Tous les autres pèlerinages sont donc « mineurs ». Toutefois, la liste des pèlerinages majeurs n'a pas toujours été celle-ci. Au XIVe siècle, dans le *De practica inquisitionis* de Bernard Gui, étaient cités comme « majeurs » les sanctuaires de Rome, Compostelle, Cantorbery (saint Thomas) et Cologne (les Trois Rois). L'auteur ne fournissait aucune explication.

HISTOIRE

L'AIDE AU PÈLERIN

En théorie, tout chrétien doit accueillir le pèlerin avec générosité et lui offrir gîte et couvert. Cette obligation est rappelée par le *Guide* à travers quelques anecdotes comme celles situées à Nantua (en amont de la *via podiensis*) ou à Villeneuve, localité non identifiée. Ceux qui refusent cette charité due au pèlerin sont sanctionnés immédiatement par la Justice de Dieu.
« À Nantua, qui est une ville située entre Genève et Lyon, un tisserand avait refusé du pain à un pèlerin de Saint-Jacques qui

lui en demandait : il vit tout à coup sa toile tomber par terre, déchirée par le milieu. À Villeneuve, un pauvre pèlerin de Saint-Jacques s'adresse à une femme qui gardait du pain sous des cendres chaudes, lui demandant l'aumône pour l'amour de Dieu et du bienheureux Jacques ; elle lui répond qu'elle n'a pas de pain, à quoi le pèlerin répartit : « Plût au ciel que ton pain se change en pierre ! » Et, le pèlerin, s'étant éloigné de cette maison, se trouvait déja à une grande distance quand cette méchante femme, s'approchant des cendres pour y prendre son pain, ne trouve à la place qu'une pierre ronde. Le cœur contrit, elle se met aussitôt à la recherche du pèlerin mais ne peut le trouver. »

HISTOIRE

LE PÈLERIN ET LES RELIQUES

La foi de l'homme du Moyen Âge est très concrète, à la limite de la superstition. Le croyant a besoin de voir, et même de toucher l'objet de sa dévotion, pour en constater la réalité. Cette mentalité explique largement le développement du culte des reliques et les récits épiques autour des inventions, transferts, achats, échanges et vols de reliques. Aussi, le moindre sanctuaire pouvant se targuer de posséder une insigne relique (un infime morceau du bois de la Vraie Croix, une dent ou un ossement quelconque d'un apôtre, une goutte du lait de la Vierge...) était-il assuré de voir affluer d'innombrables pèlerins en quête de pardon, de miracles et de merveilleux. La cathédrale de Compostelle possède ainsi, chose rare, « le corps entier de saint Jacques »... Cependant, en cours de route, le pèlerin venu par la route de Saint-Gilles s'était vu montrer une relique du « chef de saint Jacques » par les chanoines de Saint-Sernin de Toulouse. Jean de Tournai s'en étonne d'abord puis admet, finalement, qu'un fragment de la tête de l'apôtre a pu en être détaché pour être transporté à Toulouse. Explication, à nos yeux, peu satisfaisante (la tête étant entière à Toulouse), mais suffisante pour Jean de Tournai.

Seuls les moines de Cîteaux, dès les années 1120, réagissent contre cette naïveté et tentent d'intellectualiser la religion. Ils ne sont guère suivis... Cependant, ils ne favorisent pas ce type de dévotion et restent en retrait du mouvement pèlerin : les abbayes cisterciennes ne constituent en aucun cas des lieux privilégiés d'accueil pour les pèlerins.

PÈLERINS DE COMPOSTELLE / PHOTO LAUROS-GIRAUDON

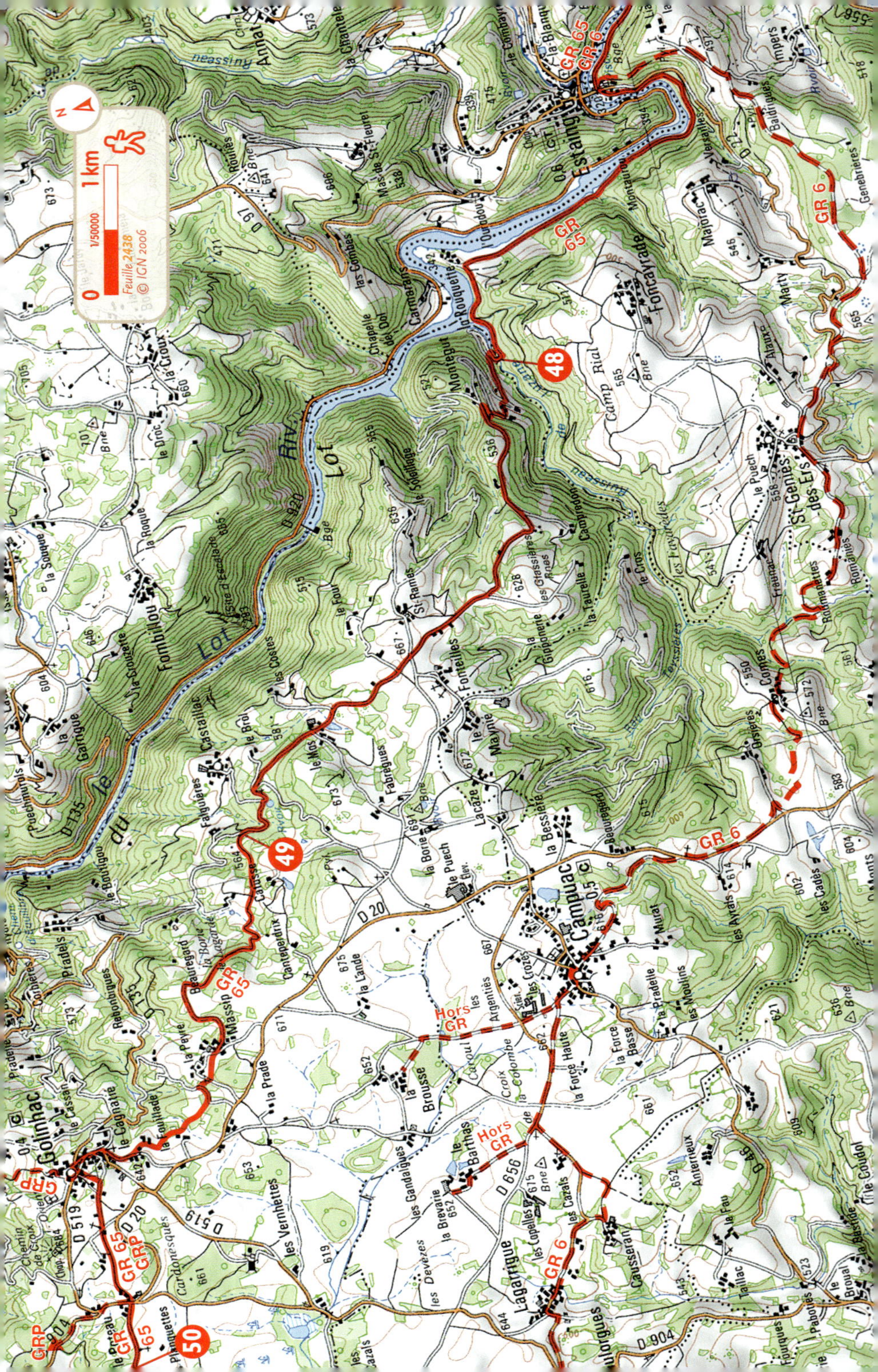

0 1 km
1/50000
Feuille 2438
© IGN 2006
48
49
50
GR 65
GR 6
GRP
Hors GR
Estaing
Golinhac
Campuac
St-Geniès-des-Ers
Lot
le Lot
Riv.
Montégut
Foncayrade
Majorac
Brousse
Lagarrigue
Massip
Beauregard
Castaillac
Fombillou
Mayrinhac
Fontcailles
St-Ramis
Annat
la Bessière
Murat
Causseran
D 920
D 20
D 519
D 656
D 904

D'Estaing à Montegut — 5 km — 1 h 30

À Estaing >

> À Estaing, les sentiers GR® 6 et GR® 65 se séparent. Le sentier GR® 6 suit un tracé plus au sud et retrouve le sentier GR® 65 à Campagnac.

Le GR® 65 ne traverse pas le pont, mais par une route, il longe la rive gauche du Lot jusqu'à La Rouquette. Poursuivre jusqu'au confluent avec le ruisseau de Luzane, le franchir sur un pont.

48 Sur l'autre rive, emprunter une route et un raccourci pour grimper à Montegut.

Par le sentier GR® 6

D'Estaing à Campuac — 3 h 30

À Estaing, avant le pont, à gauche de la chapelle des pèlerins, emprunter un sentier à gauche qui monte sur le plateau [> belles vues sur les méandres du Lot]. Suivre une petite route sur 500 m, puis une piste (cote 472). Rejoindre la D 22, prendre la direction Saint-Geniès-des-Ers (nord/ouest). Laisser le village sur la droite [> proche de la chapelle : point d'eau, aire de pique-nique] et poursuivre sur la route. Au premier carrefour (croix), obliquer à droite. Passer les fermes de Romaniés et Roumanettes. À Comes, traverser le hameau et poursuivre sur un sentier sur environ 500 m ; il devient chemin par la suite. Emprunter la D 20 jusqu'à la croix des Ayrals. Poursuivre à gauche en contre bas sur une piste pour rejoindre Campuac.

Hors GR® > pour La Brousse 1,5 km — 20 min

De Campuac à Campagnac — 2 h

À Campuac >

Traverser la place de la mairie de Campuac et poursuivre sur la D 656 jusqu'à la croix de la Colombe.

Hors GR® > pour Le Barthas 650 m | **et > pour La Brévarie** 900 m |

Aller à gauche. Au carrefour suivant, virer à gauche vers Causseran. S'engager à gauche sur un chemin de terre, traverser Lagarrigue et rejoindre la D 656. Atteindre La Roque par un chemin de terre, passer Les Fieux, Les Angles et retrouver le sentier GR® 65 à Campagnac.

De Montegut à Golinhac — 11 km — 3 h

À Fonteilles > *(hors GR® à 300 m)*

À Massip >

Utiliser un sentier abrupt qui rejoint une petite route ; laisser la maison à droite et, par une succession de petites routes et raccourcis en sentiers, grimper à Montegut-Haut. Emprunter la route passant à la Sansaguerie *(toilettes sèches puis point d'eau en bord de la route)* puis au lieu-dit Le Mas.

49 Avant le hameau de Falguières, prendre à gauche un chemin direction générale sud-ouest, gagner Massip. À la sortie de ce hameau, descendre dans le bois et rejoindre le chemin (nord-ouest) conduisant à Golinhac (650 m).

Hors GR® > pour Le Battedou 2 km — 30 mn |

Emprunter à droite le sentier GR® de Pays *Lo Camin d'Olt.*

Sénergues
Espeyrac
Golinhac
Campagnac
Nacoulorgues
Lagarrigue
St-Bauzels
Anglars
Riach
Taulamet
Gorges
GR 65
GR 6
GRP
Lo Camin d'Olt
Hors GR
50
51
D 42
D 519
D 20
D 904
D 656
D 102
D 137
D 242
D 920
le Soulié
la Condamine
Carboniès
l'Issalinie
Cabanel
Folguière
Gours
Rilhac
Prades
Liabastres
Firminhac
la Moissetie
la Cayrette
Puech Palat
Puech de la Garde
le Battedou
le Cayrou
la Crestonnerie
la Valette
le Cassan
le Cagnatré
la Fouillade
le Poteau
les Planquettes
les Albusquiès
la Burguière Vieille
la Burguière Neuve
Cardonesques
les Vernhettes
la Prade
Bessoles
les Angles
le Fieux
la Vayssière
la Roque
les Cazals
les Devezes
les Gandalgues
la Brevarie
le Barthas
la Brousse
les Copelles
Causseran
la Force Haute
la Force
les Crozes
Argentiès
Vernayrès
Albespeyre
le Sanayre
Conduchès
Cramières
Carboniès
la Terrisse
la Bouquière
les Sagnasses
Requistal
Cadies
le Pradal
Beders
Meilhac
le Dralier
Poudans
Longagnac
Pailhassiès
la Bessade
Nolorgues
le Castelsec
la Pradinie
la Porte
la Bessière
Laucamp
les Bouyssès
la Besse
Brayrols
Trigodinas
Mencès
le Souleilladou
Célis
la Borie
Pracamps
le Tayrac
le Frayssé
Canals
Lestrade
Lavernhe
les Clots
Brousse
Capeleng
Taulan
le Vern
la Molenarie
la Bessade
les Vernhes
la Bastide
Martinez
le Mouly
le Bosc
Liris
Baldou
la Roque
Gazannes
la Souquière
1/50000
1 km
Feuilles 2338 - 2438
© IGN 2006

De Golinhac à Campagnac

5 km | 1 h 15

À Golinhac >

> L'église de Golinhac, dédiée à saint Martin, conserve des assises romanes d'un prieuré bénédictin qui dépendait au XIe siècle de l'abbaye de Conques. À l'entrée du village au sud-est, une croix en pierre certifie la relation étroite avec le pèlerinage de Saint-Jacques. Sur une face du fût, un petit pèlerin sculpté dans la pierre tient fermement son bourdon dans la main droite. Le village était sur une voie de passage dès le XIe siècle, car un lieu-dit était intitulé l'Estrade.

Traverser le village, passer entre l'église et le restaurant [> magnifique panorama], virer en épingle à gauche puis à droite pour remonter vers le Poteau par un sentier entre deux murets. Traverser le hameau et poursuivre en face sur la D 42.

50 Prendre à droite un chemin menant aux Albusquiès, descendre au bas du hameau et poursuivre sur un chemin à travers bois. Atteindre une petite route *(aire de pique-nique, point d'eau et toilettes sèches)*, poursuivre à gauche sur la route et gagner Campagnac (593 m).

Hors GR® > pour Bessoles 5 mn

Voir le tracé en tirets sur la carte.

De Campagnac à Espeyrac

3,5 km | 1 h

> Jonction avec la variante que constitue le sentier GR® 6 (en tirets sur la carte).

À Campagnac, le GR® emprunte vers l'ouest la route desservant les hameaux du Soulié et de Carboniès. Après ce dernier, dans un virage, obliquer à droite sur un chemin, rejoindre la route de Falguières ; la suivre sur 50 m, puis bifurquer à gauche pour atteindre Espeyrac (369 m).

Hors GR® > pour Liris 1,2 km 20 min

D'Espeyrac à Sénergues

3,5 km | 1 h

À Espeyrac >

> À l'entrée d'Espeyrac, se trouve une vieille croix en pierre déplacée de quelques centaines de mètres ; son emplacement d'origine était situé un peu plus haut sur le chemin de Falguière. L'église Saint-Pierre rappelle le souvenir d'un prieuré qui dépendait de l'abbaye de Conques. Dans les miracles de Sainte-Foy, on cite l'aventure en 960 d'un pèlerin nommé Vuitbert, agressé par des bandits qui lui arrachèrent les yeux. Mais, miracle, ceux-ci furent recueillis par des oiseaux et emportés en direction de Conques. Aveugle, le malheureux se fit jongleur. Alors, sainte Foy lui apparut en songe et lui conseilla de retourner en pèlerinage. Au cours d'une veillée de prière, la foule entassée dans l'église de Conques manifesta une foi tellement intense qu'il retrouva la vue.

À Espeyrac, le GR® emprunte le chemin du cimetière d'Espeyrac, puis 800 m à gauche (sud-ouest) le chemin qui mène à la D 42. Emprunter à droite la sur-largeur en parallèle de la D 42 sur 500 m.

51 Après avoir franchi un pont en pierre, au lieu-dit Célis, prendre à gauche un chemin (ouest) qui mène à Sénergues (506 m).

Hors GR® > pour Le Fraysse 2 km 30 mn

Voir le tracé en tirets sur la carte.

GR 65
GR 6
GRP
Lo Camin d'Olt
Hors GR
GR 62
51
52
53
54
55
Espeyrac
Sénergues
Conques
Pomiès
Longueviale
Lagarde
la Combrade
la Garrigue
Taulamet
Riach
le Tayrac
Garbuech
le Ferradié
Pracamps
Aussets
Pressoires
Fontromieu
la Souquayrie
Loubatières
Ladrech
St-Marcel
la Vernhe
la Croix Torte
Puech del Rat
Dourdou
Montignac
le Bancarel
Cambelong
Anglars
Brayrols
la Borie
la Besse
les Bouyssès
Laucamp
Tras-le-Bosc
Madrières
Mongrelou
Tremels
Puech de la Croix
le Verdier
Calvignac
Loule
la Fareyrie
la Valière
la Vaysse
la Borie del Gras
la Rivière
Glayrousse
Soulergues
Peyssonnets
Lestrade
la Reyronie
la Brousse
le Puech
Trigodinas
Roussy
la Combe du Notaire
Guillebastres
D 42
D 137
D 242
D 232
D 901
0
1/50000
1 km
N
Feuille 2338
© IGN 2006

De Sénergues à la D 42 — 3,5 km — 1 h 10

À Sénergues >

> Sénergues : édifice primitif antérieur au IXe siècle, remanié aux XVe et XVIe siècles. À l'intérieur, nombreux réemplois de l'église primitive. Vitraux en éclats de verre (1965), oeuvre remarquable du Père Ephrem Socard de l'abbaye d'En Calcat (Tarn).

À noter sur la façade, les armoirires d'Antoine de Rousselet, abbé de Conques (XVIe siècle), à l'origine de l'aménagement du bâtiment actuel.

Château (privé) constitué d'une tour édifiée en 1385 et d'un corps de logis du XVIe siècle.

Traverser le village de Sénergues, jusqu'au lotissement des Landes (abris randonneurs, sanitaires et eau). Longer par la droite le lotissement puis emprunter un large chemin qui remonte dans la forêt de résineux, puis se prolonge entre des champs. Atteindre le carrefour de la D 137 et la D 42 (marqué d'une croix). Obliquer à droite sur la petite route (point coté 625) sur 100 m.

52 Emprunter à gauche un chemin qui retrouve la D 42.

De la D 42 à Conques — 5,5 km — 1 h 20

Poursuivre sur la D 42 ou en parallèle en empruntant des sur-largeurs (aménagées pour votre sécurité). Prendre à droite la petite route menant à Saint-Marcel (toilettes et eau potable), traverser le village et continuer sur 2 km.

53 Au niveau d'une maison isolée au lieu-dit la Croix Torte, emprunter à gauche un sentier qui descend sur Conques (280 m).

> On atteint Conques dont l'abbatiale et le pont des pèlerins sont inscrits depuis 1998 sur la liste du patrimoine de humanité par l'Unesco.

Située au cœur de la vallée du Dourdou, l'abbatiale de Conques, construite au IXe siècle pour abriter les reliques de sainte Foy, attire rapidement de nombreux pèlerins à la suite de miracles répétés et devient une étape incontournable sur le chemin de Saint-Jacques. Du XIe au XIIe siècle, elle est reconstruite selon le plan des églises de pèlerinage.

Face à la fontaine des Pèlerins, le portail s'orne d'un des plus importants tympans de l'art roman. Il a été sculpté sur le thème du Jugement dernier (1130-1135). Il est centré sur le Christ en majesté entouré de quatre anges. L'un des anges du registre intermédiaire du portail porte, sur sa robe, une inscription en « coufique fleuri », où les arabisants lisent : Al Houm, « à Dieu la louange ». On trouve ailleurs : Ma-ch'allah, « ce que Dieu veut ».

Le visiteur qui débouche sur le parvis découvre le tympan du Jugement dernier (début XIIe siècle), véritable chef d'œuvre de la sculpture romane, qui reste étonnamment lisible malgré le foisonnement des personnages disposées autour de la figure centrale du Christ. La salle du Trésor se trouve dans une aile du cloître. Sainte-Foy-de-Conques possède le plus riche trésor du Moyen Âge conservé aujourd'hui. Une fabuleuse statue reliquaire en or du IXe siècle représente la sainte, vêtue de lames d'or sur âme de bois. Elle est constellée de pierres précieuses, de camées et d'intailles antiques. C'est la pièce principale d'un prestigieux trésor.

CONQUES

ABBATIALE SAINTE-FOY DE CONQUES. XIe-XIIe SIÈCLES / PHOTO M. WASIELEWSKI.

« De même les Bourguignons et les Teutons qui vont à Saint-Jacques par la route du Puy doivent vénérer les reliques de sainte Foy, vierge et martyre, dont l'âme très sainte, après que les bourreaux lui eussent tranché la tête sur la montagne de la ville d'Agen, fut emportée au ciel par le chœur des anges sous la forme d'une colombe et couronnée des lauriers de l'immortalité. Enfin, le précieux corps de la bienheureuse Foy, vierge et martyre, fut enseveli avec honneur par les chrétiens dans une vallée appelée vulgairement Conques… »

DÉTAIL DU TYMPAN / PHOTO M. WASIELEWSKI.

La complicité d'Aimery Picaud avec les moines de Conques est évidente : sans nier que sainte Foy ait subi le martyre à Agen, il accrédite la thèse selon laquelle son corps a été sans plus tarder enseveli en Rouergue. Or, rien n'est plus faux, la sainte, martyrisée le 6 octobre 303, fut d'abord ensevelie à Agen.

La statue reliquaire de sainte Foy de Conques / photo M. Wasielewski.

C'est au IXe siècle que les moines de Conques décidèrent de s'emparer des précieuses reliques qui attiraient la foule des pèlerins. Ils dépêchèrent l'un des leurs à Agen. Ce dernier, après avoir vécu dans la communauté agenaise pendant plusieurs années, vola les reliques en 866 et les rapporta à Conques. On parlait alors de « translation furtive »…

Le miracle de sainte Foy

Pourtant, la dévotion à sainte Foy resta quasi confidentielle jusqu'aux années 1012-1020 où fut rédigé le Livre des miracles de sainte Foy .
Le rayonnement du sanctuaire s'accrut alors jusqu'aux contrées lointaines comme la Normandie ou l'Alsace.
Le roi Robert le Pieux y vint en 1029. L'abbatiale est édifiée à partir de 1041. Le cloître est construit entre 1087 et 1107. Mais, en ce début du XIIe siècle, la renommée de Conques retomba. La rédaction du *Guide* tombait donc à point nommé pour la relancer et la lier à celle de Saint-Jacques-de-Compostelle. Tout laisse à penser que l'effort de promotion du sanctuaire rouergat par Aimery Picaud porta ses fruits.

Ce rayonnement dura jusqu'à la guerre de Cent Ans, qui provoqua une irrémédiable décadence du sanctuaire, se traduisant par sa sécularisation en 1537 et sa suppression en 1790. Depuis 1873, des chanoines prémontrés occupent le sanctuaire.

Pour les pèlerins, le temps fort de leur passage à Conques était la vénération de la statue-reliquaire de sainte Foy, ressemblant à s'y méprendre à une idole païenne. Bernard d'Angers évoque l'ambiance qui régnait dans le sanctuaire, à la limite du profane et de la superstition pour s'en indigner.
L'abbé de Conques lui rétorqua que la prière des humbles, pour fruste qu'elle puisse être, pouvait être aussi agréable à Dieu que celle des prêtres ou des puissants.

Tympan de Sainte-Foy / photo M. Wasielewski.

0 1/50000 1 km
Feuille 2338
© IGN 2006
N
53
54
55
56
57
58
GR 65
GR 6
GR 62
GR 62B
Variante
Conques
Noailhac
la Croix Torte
Puech del Rat
Dourdou
le Bancarel
St-Marcel
la Vernhe
Montignac
Cambelong
Angles
le Moulin Neuf
Lissouliere
Embrousse
Contensous
le Périé
Puech de Soumes
Moulidies
l'Hom
la Gineste
Granges
Eynies
les Clémenties
les Combettes
Noux
les Bréfinies
la Brousse
la Grèze
les Boriettes
le Poujol
Brunel
Prayssac
la Borie de Brunel
les Tillets
Bertols
Calvance
la Magnobe
Caumont
Merlet
la Boriatte
Fagegaltier
Fonteilles
Roumégoux
Plantevigne
Moulinet
la Bessenoits
Lestrunie
Puy de Frayssé
Mascles
le Perdigal
la Garrigue
Bercan
l'Englès
le Mas
la Merlaterie
la Pendane
Lissorgues
Montbroussous
Falguières
la Cantaloubie
Nicoulérie
la Fareyrie
la Valière
la Vayssé
la Rouquette
Recoulès
Tendols
l'Herm
Puech de Ganes
Solinhac
Vedeilles
Courtials
le Cazal
Centres
la Borie
D 606
D 183
D 580
D 502
D 232
D 901
D 42
Guillebastres
Jordy
Ambec
la Rivière
Rozies
Pylones

De Conques à la chapelle Sainte-Foy

1,5 km | 30 mn

À Conques >

> Point de passage du GR® 62.

Dans Conques (peu de balises compte tenu du site), descendre dans le village pour atteindre l'abbatiale. Depuis le parvis, remonter légèrement et descendre à gauche la rue Charlemagne, ne pas confondre avec le départ du sentier GR® 62 en contre bas du parvis. Passer la porte du Barry (suivre toujours cette rue caractérisée par son « pavement ») et arriver au pont des Roumieux (pèlerins) enjambant le Dourdou. Franchir le pont et suivre la route sur quelques mètres pour prendre dans un tournant, à gauche, un sentier montant à la chapelle Sainte-Foy.

De la chapelle Sainte-Foy à une bifurcation

1,5 km | 45 mn

> Lieu de pèlerinage où une source miraculeuse était réputée pour les affections des yeux.

54 De la chapelle Sainte-Foy, continuer à monter jusqu'à la crête, traverser une piste forestière. Gagner une bifurcation (pylône en béton), départ de la variante de Noailhac.

Variante

Variante par Noailhac

1 h 15

À Noailhac >

À la bifurcation (panneaux), prendre le large chemin en face puis continuer à gauche sur la route au sud. Poursuivre sur la D 606 ou en parallèle en empruntant les sur-largeurs (aménagées pour votre sécurité) jusqu'à Noailhac. Traverser le village et remonter à droite le chemin de croix jusqu'à la chapelle Saint Roch. Emprunter à gauche la sur-largeur en parallèle de la route ou la D 580 sur 5 km jusqu'au repère **58** (voir tracé en tirets sur la carte).

> Saint Roch, que l'on représente toujours en pèlerin avec le bourdon et les coquilles, fut particulièrement invoqué au moment des épidémies de peste et, vers le XVe siècle, il prit la place de saint Jacques dans de nombreuses églises et chapelles autrefois dédiées à l'apôtre de l'Espagne. Pour cette raison, les chapelles et oratoires placés sous le nom de saint Roch ont une relation certaine avec les chemins de Saint-Jacques. Saint Roch était né à Montpellier en 1295. Au cours d'un voyage à Rome, il contracta la peste. Pour ne pas être à charge, il se réfugia dans une forêt, il habitait près d'une source et un chien lui apportait quotidiennement un pain qu'il dérobait à la table de son maître.

De la bifurcation à Prayssac

7,5 km | 1 h 55

55 À la bifurcation (panneaux), prendre le chemin de droite. Couper une petite route et poursuivre en face sur une piste forestière jusqu'à la D 606. La suivre à droite jusqu'au croisement.

56 Continuer à gauche vers Les Clémenties. Après le hameau, suivre le chemin à gauche. Passer Les Bréfinies.

Livinhac-le-Haut
Almont-les-Junies
DECAZEVILLE
Agnac
Pagax
Prayssac
Aumont
Laviale
la Mole
Marcenac
Perols
les Esplagnes
la Lande
la Pinquerie
Bouquiès
Vayssies
les Estaques
Bégor
St. Roch
Sailhenc
le Baldy
Nantuech
Baldinie
la Place
le Puech
Mas de Parra
Revignes
Revignettes
Combettes
Puech de Simon
la Boudie
les Tuileries
Bonnissard
Granier
la Garde
Forcefaves
la Croix du-Broual
Ranié
Ruffiés
le Crouzet
Pelaubes
Molecourse
Découverte
Fontvergne
la Lindardie
Tramons
la Planconie
la Gouzinie
les Escabrins
Peyrolles
Ruau
Cité de Ruau
Capendu
la Saule
la Roque
Lacost
Plegat
le Perdigal
Mascles
Centrès
la Borie
le Cazal
la Garrigue
Laubarède
Lestrunie
Flaujac
le Fromental
la Combe
le Madieu
Vivioles
Montarnal
Peyrebrune
les Bouygues
Broumet
Fareyres
la Flaujade
les Anglès
la Brousse
la Bessenoits
Roumégoux
Plantevigne
Moulinet
le Roc
la Plane
Lacombe
la Cau
le Cassan
Bitonesque
Rouméguière
Montméja
Cahuac
Thels
Trayssac
Bourran
la Favarède
Artigues
Laval
Planèze
le Poujol
Belfort
la Brousse
la Grèze
la Gineste
Granges
Eyniès
Noux
les Clémenties
les Brétinies
Brunel
la Borie de Brunel
Rozies
les Tillets
Bertols
la Boriatte
Fagegaltier
Fonteilles
le Frayssé
Puy de Fraysse
St. Michel
la Buscalie
GR 65
GR 6
Variante
Hors GR
GR 62B
57
58
59
60
61
D 183
D 218
D 21
D 580
D 963
D 508
N 140
0
1 km
1/50000
Feuille 2338
© IGN 2006

57 À Eyniès, traverser le hameau à gauche et suivre le chemin qui descend jusqu'au ruisseau. Le franchir sur une passerelle. Remonter le chemin jusqu'à la D 183, prendre en face un chemin creux puis poursuivre par la route jusqu'à Prayssac.

De Prayssac à un carrefour

2,5 km **35 mn**

Traverser le hameau de Prayssac, puis celui de Roumégous pour rejoindre la D 580. L'emprunter à gauche sur 150 m pour rejoindre un carrefour devant le totem FFRandonnée–GDF (attention, ce carrefour est le point de rencontre avec la variante de Noailhac).

Du carrefour à Decazeville

7 km **1 h 45**

> Jonction avec la variante venant de Noailhac.

58 Au carrefour, prendre à droite un chemin de terre [> vue sur le bassin de Decazeville] et atteindre une route.

> Jonction avec le GR® 62 B (balisage blanc-rouge), qui à gauche se dirige vers Cransac, Villeneuve et Villefranche-de-Rouergue.

Le GR® 65 poursuit en face sur un chemin de terre et descend vers la ferme de Laubarède que l'on laisse sur la droite. La route qu'emprunte le GR® 65 est appelé dans le pays Lou Camin Conquet et descend sur Decazeville (point d'eau dans le hameau de Combe). Descendre en suivant la petite route goudronnée qui passe dans les hameaux de Le Fromental, La Combe (à la Buscalie-Haute, à 1 km au sud), Vivioles, Montarnal pour gagner Decazeville.

> Ville récente d'environ 180 ans, Decazeville est l'une des premières villes qui ont été bâties autour et à cause de l'industrie. À l'origine, on y trouvait des marécages, le domaine de Lassalle et trois villages : Saint Roch, Vialarels et Saint-Michel.

Le duc Decazes, son fondateur, fut ministre de l'Intérieur et Président du Conseil des Ministres sous Louis XVIII, puis fut nommé ambassadeur en Angleterre. Avec l'aide de François Cabrol, il implanta la sidérurgie en ce lieu en suivant la méthode anglaise : fabriquer de la fonte avec du charbon de terre (houille) et du minerai de fer.

Ce fut le début de la révolution industrielle à Decazeville, où l'on commença à exploiter le charbon en galeries souterraines. Le dernier puits de mine a fermé en 1966.

L'exploitation de la mine à ciel ouvert, la Découverte, débuta quant à elle en 1892 pour s'achever en 2001. En son temps, elle fut la plus grande mine de charbon à ciel ouvert de France.

À ne pas manquer, le chemin de croix peint par Gustave Moreau que l'on peut voir dans l'église Notre-Dame-de-Decazeville.

La chapelle Saint-Roch à Noailhac / photo M. Wasielewski.

HISTOIRE

CADENCE DE MARCHE DES PÈLERINS MÉDIÉVAUX

PÈLERIN SUR LE CHEMIN / PHOTO L. OLIVIER.

Le marcheur contemporain estime avoir fait une bonne étape dès qu'il a parcouru 25 ou 30 kilomètres. Quelle était la cadence de marche du pèlerin médiéval ?

Dans les années 1140, le *Guide du pèlerin* propose treize étapes entre les ports de Cize et Compostelle, 14 de Borce (vallée d'Ossau) et Compostelle. La moyenne journalière est donc, dans les deux cas, proche de 59 kilomètres par jour. Certes deux étapes, d'une longueur exceptionnelle, Estelle-Najera (75 km) et Najera-Burgos (92 km) sont données comme devant être effectuées à cheval. Elles sont compensées par les étapes de Saint-Michel-en-Cize à Viscarret et Viscarret-Pampelune, d'une trentaine de kilomètres chacune, qualifiées de « courtes » ou « petites », tout comme celle de Palas-del-Rey à Saint-Jacques en dépit de ses 64 kilomètres. Approcher du but, d'évidence, raccourcit (au moins psychologiquement) la distance !

Mais, même en admettant que nos ancêtres aient été plus vaillants marcheurs que nous, le *Guide* n'était-il pas trop optimiste ?

La réponse se trouve dans les itinéraires (récits de voyages) et certains textes juridiques.

Le plus connu (car édité en annexe du *Guide du pèlerin*) est celui de Nompar II de Caumont en 1417. Pour un voyage aller-retour de 58 jours (incluant le temps de faire le pèlerinage annexe à Notre-Dame-de-Finisterre, estimé à 3 jours), il a parcouru 2000 km environ.

Si l'on admet un séjour à Saint-Jacques de trois jours, cette distance aurait été couverte en 52 jours, soit, en moyenne, 38 kilomètres par jour. Moyenne inférieure à celle du *Guide* mais, à nos yeux, tout à fait honorable.

Nos ancêtres, d'excellents marcheurs

En 1479, Jean-de-Tournai, bourgeois de Valenciennes, entreprit le triple pèlerinage Jérusalem-Rome-Compostelle. Il décrit minutieusement chacune de ses étapes : sa moyenne quotidienne est proche de 43 kilomètres. Mais ce n'est qu'une moyenne. Il faut tenir compte des étapes écourtées à cause de circonstances exceptionnelles (notamment les intempéries) tandis que d'autres, effectuées dans de bonnes conditions, atteignent une soixantaine de kilomètres.

Quant au ponot Jean Jacmon, il a accompli son périple en 75 jours, desquels on peut décompter 3 jours d'arrêt à Compostelle : son rythme a donc été de 40-41 kilomètres par jour.

Les textes juridiques imposent des performances encore plus surprenantes.

Ainsi le Fuero General de Navarra accorde-t-il un mois pour accomplir l'aller-retour Pampelune-Compostelle et seulement quinze jours pour se rendre à Rocamadour. Dans ces conditions, la moyenne journalière est de 48 kilomètres pour Compostelle et de 60 pour Rocamadour.

Le *Guide* n'exagérait donc pas les capacités de marcheurs de nos ancêtres. Il en résulte évidemment qu'un réseau hospitalier pouvait être considéré comme suffisant dès que les refuges étaient distants de 50 à 60 kilomètres et non d'une vingtaine comme nous le souhaitons de nos jours.

LA LETTRE DE CRÉANCE DU PÈLERIN / PHOTO L. OLIVIER.

HISTOIRE

L'HYGIÈNE DU PÈLERIN

Les grands hôpitaux, tels Aubrac ou Saugues, se préoccupaient des soins d'hygiène à prodiguer aux pèlerins tant pour leur bien-être que pour endiguer (autant que faire se pouvait !) la propagation des épidémies tout au long des routes de pèlerinage parcourues (faut-il le rappeler ?) par un grand nombre de malades en quête de guérison.

Mais, en dehors de ces lieux, le pèlerin devait faire son affaire de sa toilette.

Le lieu-dit Lavacolla (aujourd'hui aéroport de Compostelle) rappelle ce rituel de la purification préalable à l'entrée dans la Ville Sainte : « une rivière nommée Labacolla, parce qu'en l'endroit boisé où elle passe, à deux milles de Saint-Jacques, les pèlerins de nationalité française qui allaient à Saint-Jacques, se déshabillaient et, par amour de l'Apôtre, avaient coutume de se laver non seulement leurs parties intimes, mais encore la saleté de tout leur corps ». Le toponyme subsistant de nos jours, témoin de ce rituel, évoque aussi la truculence des hommes du Moyen Âge qui, sans fausse pudeur, appelaient les choses par leur nom : *colla* dérive du galicien *colo* et du bas-latin *collum* signifiant « giron », c'est-à-dire la partie du corps comprise entre la ceinture et les genoux d'une personne assise.

Le rituel de cette toilette complète fut respecté au moins jusqu'au XVIIIe siècle ; l'Italien Domenico Laffi le décrit soigneusement comme une coutume bien vivante, en 1670. À ce même souci de purification physique et spirituelle se rattache l'utilisation de l'encensoir géant dit *botafumeiro* dans la cathédrale de Compostelle. Son spectaculaire mouvement de balancier montant d'un côté à l'autre du transept lui faisant frôler les voûtes, assure le symbolique encensement de l'autel et permettait, jadis, de masquer l'odeur nauséabonde qui se dégageait de la foule des malades en prière.

ANCIEN HÔPITAL SAINT-JACQUES À SAUGUES / PHOTO M. WASIELEWSKI

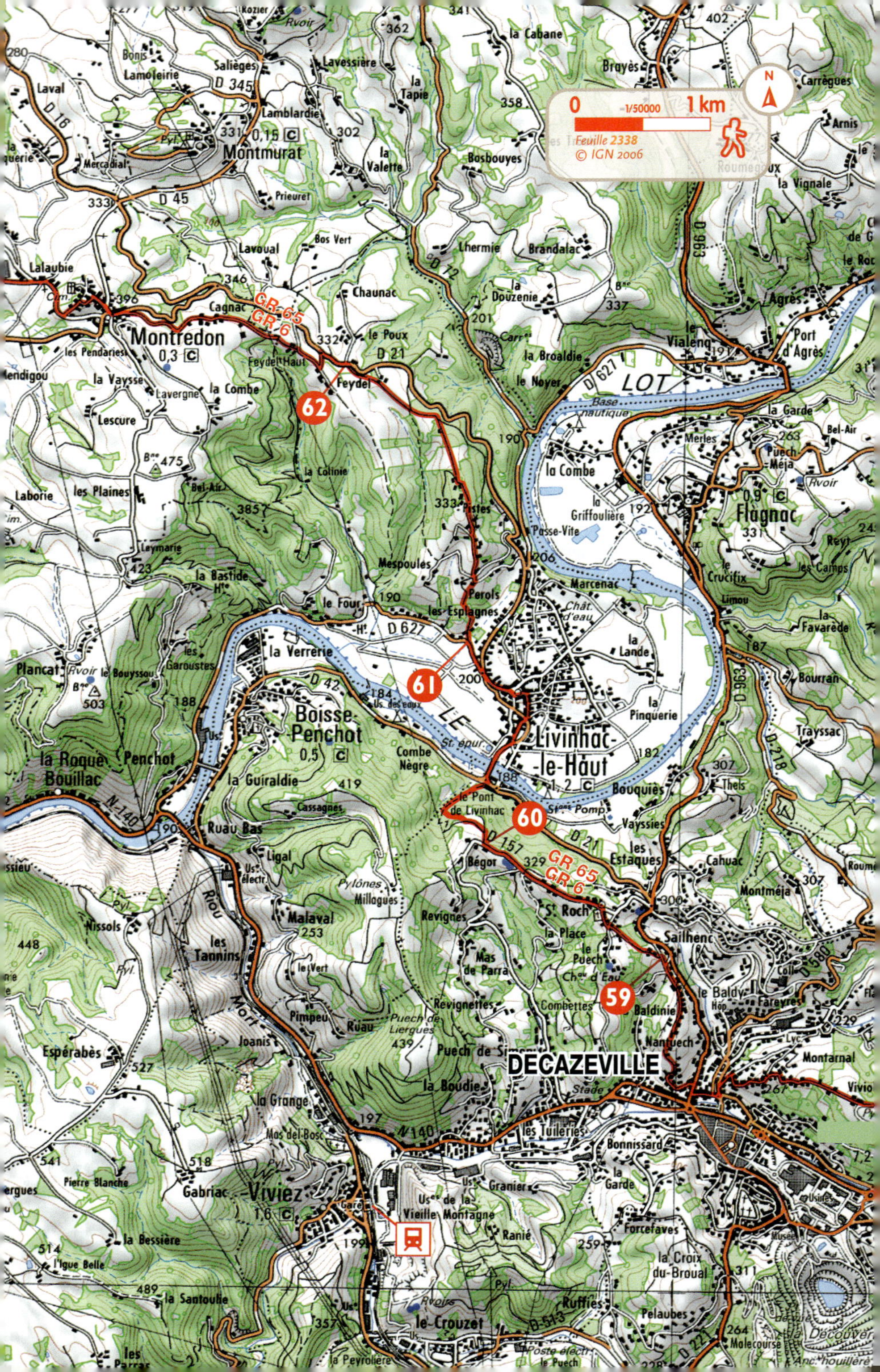

0
1/50000
1 km
Feuille 2338
© IGN 2006
N
Montmurat
Montredon
Livinhac-le-Haut
DECAZEVILLE
Boisse-Penchot
Flagnac
Viviez
LOT
GR 65
GR 6
62
61
60
59
Saliéges
Lamoleirie
Lamblardie
Laval
Mercadial
Lalaubie
Cagnac
Lavoual
Bos Vert
Chaunac
le Poux
Feydel Haut
Feydel
les Pendaries
la Vaysse
Lavergne
la Combe
Lescure
Laborie
les Plaines
la Colinie
Mespoules
Perols
les Esplagnes
le Four
la Verrerie
Plancat
la Bastide
la Roque
Bouillac
Penchot
la Guiraldie
Cassagnes
Ruau Bas
Ligal
Malaval
les Tannins
Nissols
Espérabès
Joanis
la Grange
Pimpeu
Ruau
Revignes
Mas de Parra
Bégor
le Pont de Livinhac
Combe Nègre
Marcenac
la Lande
la Pinquerie
Bouquies
Vayssies
les Estaques
Cahuac
Montméja
Sailhenc
St Roch
la Place
le Puech
Combettes
Baldinie
Nantuech
le Baldy
Fareyres
Montarnal
la Boudie
les Tuileries
Bonnissard
la Garde
Granier
Forcefaves
la Croix du Broual
Pelaubes
Ruffies
le Crouzet
la Peyrolière
Gabriac
Pierre Blanche
la Bessière
la Santoulie
Lavessière
la Tapie
la Valette
Bosbouyes
Lhermie
Brandalac
la Douzenie
la Broaldie
le Noyer
la Cabane
Brayès
Carrègues
Arnis
la Vignale
Agrès
Port d'Agrès
le Vialenq
la Garde
Bel-Air
Puech Méja
Merles
la Griffoulière
Passe-Vite
Reyt
les Camps
le Crucifix
Limou
la Favarède
Bourran
Trayssac
Thels
D 345
D 45
D 21
D 627
D 42
D 963
D 218
D 580
D 513
N 140

De Decazeville à Livinhac-le-Haut

4 km 1 h

À Decazeville >

Dans Decazeville, prendre l'avenue Laromiguière, puis à gauche (ouest) le chemin de Nantuech. Dépasser le chemin d'accès (croix) au hameau de La Baldinie, qu'il faut laisser à gauche.

59 S'engager à gauche sur un chemin rejoignant une route au lieu-dit Saint-Roch (chapelle et cimetière). Suivre la route vers le nord-ouest.

60 Après le réservoir, au niveau de la ferme de Feydel, bifurquer à droite et descendre par un large chemin vers le Lot. Le franchir sur le pont pour rejoindre le village de Livinhac-le-Haut.

De Livinhac-le-Haut à Montredon

6 km 1 h 30

À Livinhac-le-Haut >

> Livinhac, Flagnac : les deux suffixes en *-ac* sont d'origine gallo-romaine. Le *h* occitan est la marque d'un son mouillé : on devrait dire Livignac, même si les prononciations d'aujourd'hui sont souvent francisées.

Le qualificatif de Livinhac-le-Haut est nettement exagéré, car il est situé à peine au-dessus du Lot.

Sortir de Livinhac-le-Haut au lieu-dit Le Couderc pour emprunter la D 627 sur 200 m.

61 Tourner à droite, monter à Pérols où commence une petite route. Suivre la direction Le Thabor ; là, poursuivre par un chemin nord-ouest dans un bosquet de chênes.

62 Près de la ferme la Treille, suivre la D 21 sur quelques mètres à gauche. Puis, en passant par Feydel-Haut et Cagnac, gagner Montredon.

> Montredon est un petit village pittoresque étagé sur un mamelon et dominé par l'église Saint-Michel. C'est l'emplacement d'un prieuré Saint-Michel qui dépendait de l'abbaye de la Chaise-Dieu.

Dans le presbytère, sur le linteau de la porte, remarquer une croix de Malte sculptée, souvenir d'un établissement des Hospitaliers de Saint-Jean.

Au bas du village, la chapelle Notre-Dame dite du Carrefour, rebâtie en 1958, remplace une chapelle plus ancienne dont on conserve une statue de pierre fin 15e, classée en 1910. Le carrefour était autrefois le croisement de la route Bourges-Toulouse et du chemin de Figeac à Rodez, qui portait de Cahors à Rodez le nom de chemin Romipête.

LIVINHAC-LE-HAUT / PHOTO OT VALLÉE DU LOT

0
1 km
1/50000
Feuilles 2237 - 2337
2238 - 2338
© IGN 2001, 2005, 2006, 2008
N
GR 65
GR 6
Hors GR
62
63
64
65
66
67
68
69
Viazac-Gare
St-Jean-Mirabel
St-Félix
Felzins
Montredon
Montmurat
Lentillac-St-Blaise
Boisse-Penchot
Liffernet
la Contie
Laromiguière
Lalaubie
Sournac
la Léguède
Mas-Roux
Pempeu
le Terly
le Gévaudan
Guirande

De Montredon à Saint-Félix

10 km **2 h 30**

À Montredon >

De la place de l'église de Montredon, descendre par une rue jusqu'à la route de Sournac, en contrebas du cimetière. Prendre cette route à droite. Passer à un carrefour (croix) dénommé Lalaubie. Continuer sur la route et s'engager à gauche sur la route montant au hameau de Tournié. Passer devant un puits creusé dans le rocher (eau potable).

63 À la sortie du hameau, tourner à gauche ; 50 m plus loin, tourner à droite pour arriver à la ferme de Lacoste (clédo). Suivre à gauche un chemin bordé de chênes sur 200 m. S'engager à droite sur une sente ravinée. Emprunter à gauche une route jusqu'à la chapelle de Guirande.

> La chapelle romane Sainte-Madeleine conserve des peintures murales datant de la fin du XIVe siècle. Au chevet, un Christ en majesté est entouré des symboles de saint Jean et de saint Mathieu, au-dessous de sainte Madeleine et de saint Namphaise.

64 De la chapelle de Guirande, tourner à droite sur la D 2 ; 10 m plus loin, prendre à droite une route montant au hameau de Guirande. À la dernière maison, suivre à droite un chemin creux bordé de chênes. Au carrefour en T, prendre à gauche, passer à côté du hangar de l'ancien aérodrome. Monter tout droit jusqu'à un abri de matériel agricole. Prendre le chemin de droite et rejoindre la D 41 ; la suivre sur la droite jusqu'au village du Terly.

65 Suivre à gauche une route qui devient chemin descendant. Franchir le ruisseau de Guirande plan d'eau **(⚠ > risque d'inondation du GR® sur la digue)** et traverser la ferme du Gévaudan. Continuer sur 200 m.

66 Tourner à gauche et rejoindre le village de Bord. Tourner à droite sur une petite route. Devant la dernière grange, prendre à droite. Rejoindre une allée montant à la ferme de la Cipière [> tour carrée servant de pigeonnier]. Emprunter la route d'accès à la ferme pour rejoindre la D 2 *(en suivant à gauche la D 2 puis la D 31, possibilité d'hébergement à Felzins ( ) à 2 km)*. Traverser la D 2, prendre en face le chemin creux et rejoindre l'église de Saint-Félix.

De Saint-Félix à la route D 2

1,5 km **20 mn**

À Saint-Felix >

> Église romane Sainte-Radegonde, possession de l'abbaye de Figeac : le tympan historié du XIe siècle représente Adam et Eve devant l'Arbre et le Serpent. Un sarcophage est accolé au flanc ouest. À l'intérieur : croix en fer forgé de 1783 et vitrail représentant saint Jacques.

Juste après l'église de Saint-Félix, tourner à gauche derrière la première maison. Traverser la cour derrière le restaurant et suivre une sente aboutissant à un chemin d'exploitation. Le suivre à droite, puis prendre à droite une route jusqu'au carrefour et à la ferme dénommée la Croix de Jordy.

67 Tourner à gauche sur 50 m et prendre le sentier montant à droite. Il rejoint une route qui dessert un lotissement ; la suivre à droite jusqu'à la D 205. L'emprunter à gauche sur 100 m et s'engager à droite dans un chemin creux aboutissant à la route D 2.

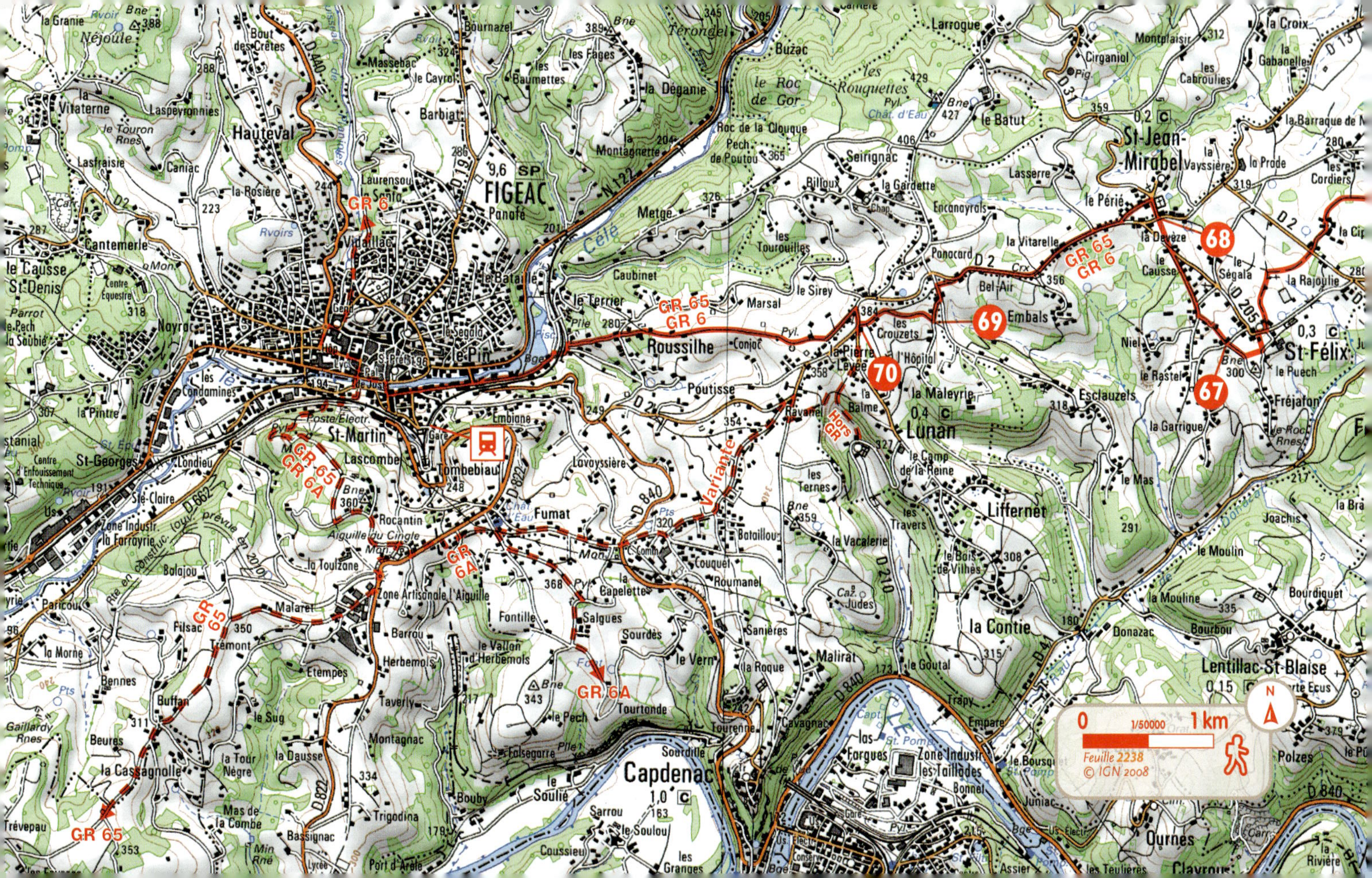
FIGEAC
Capdenac
St-Jean-Mirabel
St-Félix
Lunan
Lentillac-St-Blaise
Roussilhe
St-Martin
St-Georges
Hauteval
Cantemerle
Lifferne
la Contie
GR 65
GR 6
GR 6A
GR 65 GR 6
GR 65 GR 6A
Variante
Hors GR
67
68
69
70
Célé
0
1/50000
1 km
Feuille 2238
© IGN 2008

De la route D 2 au carrefour de sentiers | 3 km | 45 mn

Hors GR® > pour Saint-Jean-Mirabel 0,5 km 5 mn

> église. Un tympan sculpté du XIIIe siècle représente le Christ en croix entre la Vierge et saint Jean ainsi que les symboles de la lune et du soleil.

68 Le GR® traverse la D 2 en direction de l'église. Arriver à la statue, prendre à gauche pour rejoindre la D 2 que l'on emprunte à droite vers l'ouest sur 1,5 km. Au lieu-dit Bel-Air, s'engager à gauche sur un sentier herbeux débouchant sur une route. La suivre à gauche ; 50 m plus loin, tourner à droite dans un chemin empierré. Continuer sur 300 m.

69 Bifurquer à droite dans un chemin rejoignant le carrefour des D 2 et D 210 à La Pierre-Levée.

Variante

GR® 6A pour l'Aiguille du Cingle | 1 h

Voir tracé en tirets sur la carte.

Hors GR® > pour l'église de Lunan 0,5 km 10 mn

Descendre par le sentier sud-est.

> Peut-être fondée au IXe siècle, l'église romane Saint-Martin aurait été le siège d'un monastère, ensuite transféré à Figeac. À remarquer : une abside aux modillons sculptés.

Rejoindre la D 840, traverser au giratoire par la droite et prendre la direction Fumat.

GR® 65 de l'Aiguille du Cingle à La Cassagnole | 30 mn

À La Cassagnole >

Voir tracé en tirets sur la carte

Du carrefour de sentiers à Figeac | 5 km | 1 h 15

À Figeac >

70 Emprunter à droite la D 2, prendre à gauche (croix) le large chemin en direction d'un pylône, continuer tout droit, passer le carrefour marqué d'une croix de pierre, et descendre jusqu'à la proximité du plan d'eau du Surgié. Prendre à gauche la petite route (⚠ **> circulation estivale, prudence !**). Passer le carrefour du pont du Pin et s'engager dans les allées Victor-Hugo. À hauteur de l'immeuble de la communauté des communes de Figeac, prendre à droite la rue du Griffoul jusqu'au pont Gambetta et franchir le Célé. Entrer dans Figeac.

> Dynamique cité marchande au Moyen Âge, Figeac conserve la physionomie urbaine et un ensemble remarquable de belles demeures de cette époque. La ville est riche de ses maisons, qui alternent généralement pierres de gré et pans de bois. Au détour de ruelles secrètes, le visiteur découvre de nombreux décors sculptés, des cours intérieures, de somptueux escaliers…

Les greniers ouverts (souleillo), qui servaient à la conservation alimentaire et aux divers séchages, constituent aujourd'hui un élément caractéristique de l'architecture de Figeac. L'art contemporain s'inscrit dans ce prestigieux passé avec la place des Ecritures, créée par Joseph Kosuth, hommage à Jean-François Champollion, le plus célèbre enfant de Figeac. Sa maison natale abrite le musée Champollion – Les Écritures du Monde, ouvert à l'égyptologie et à l'évolution du signe et des écritures.

✓ Le GR® 65 a été créé par une équipe de collaborateurs bénévoles :
• Pour la Haute-Loire : Mme Rodde, M. et Mme Bordes, Mlle Cottier, MM. Chaize, Letort, Rodde (†) M. Barrès, ancien délégué départemental.
• Pour la Lozère : M. Guibal (ancien délégué), M. et Mme Dufort, MM. Causse, Melix, MM. Ricadat et Senn (†), anciens délégués départementaux, M. et Mme Duveau.
• Pour l'Aveyron : M. et Mme Verbié, de la Société des Amis de Saint-Jacques-de-Compostelle, l'Association Sauvegarde du Rouergue, M. Despériès, ancien délégué départemental, M. Solassol et un chantier Concordia, dirigé par M. Mariette.
• Pour le Lot : la Délégation départementale du Lot de la Fédération Française de la Randonnée Pédestre et le chantier Concordia, avec l'aide de la Direction départementale de l'agriculture.

✓ Le GR® 65 est balisé et entretenu par les bénévoles et salariés des Comités départementaux de la randonnée pédestre de la Haute-loire, de la Lozère, de l'Aveyron et du Lot.

✓ Les renseignements pour la mise à jour de cette édition ont été fournis par le Comité départemental de la randonnée pédestre de la Haute-Loire, par Mme Aline Osty, du Comité départemental de la randonnée pédestre de la Lozère, Mme Marcelle Maurel et Lionel Vidal, du Comité départemental de la randonnée pédestre de l'Aveyron, et par MM. André Reiniche et Gérard Delrieu, du Comité départemental de la randonnée pédestre du Lot.

✓ Les textes historiques des pp. 26, 44, 86, 85, 96, 104, 110 ont été rédigés par M. Gérard Jugnot, et les textes de découverte des pp. 28 à 33, 48, 52, 58, 68, 74, 80, 92, par Mme Sophie Martineaud.

Responsable de la production éditoriale : Isabelle Lethiec. **Développement et suivi collectivités territoriales :** Patrice Souc, Soumaya Abid. **Assistante de direction :** Sabine Guisguillert. **Secrétariat d'édition :** Philippe Lambert, Marie Fourmaux. **Cartographie et couverture :** Olivier Cariot, Frédéric Luc. **Mise en page et suivi de fabrication :** Jérôme Bazin, Hélène Mercy, Justine Dupré. **Lecture et corrections :** Brigitte Bourrelier, Marie-France Hélaers, Didier Babin, Évelyne Chaix. **Création maquette et design couverture :** MédiaSarbacane.

Photo © N. Vincent.

Des topo-guides® écologiques

L'orchidée qui fleurit sur nos chemins est fragile, puisqu'une espèce sur six est menacée de disparition. Soucieuse de cette nature à préserver, quoi de plus naturel pour la **FFRandonnée** que de s'inscrire dans une démarche de **développement durable** ? Ainsi, tous nos imprimeurs partenaires bénéficient des certifications Imprim'vert et PEFC®, garantie d'une production écologiquement contrôlée des topo-guides® (gestion des déchets par récupérateurs agréés, recyclage, utilisation d'encres à pigments non toxiques, aucun rejet en réseaux d'évacuation publics…).

Le papier utilisé est par ailleurs lui-même certifié, attestant qu'il provient systématiquement de bois issu de forêts gérées durablement.

INDEX

GÉOGRAPHIQUE

A
Aubrac, 83, 87
Aumont-Aubrac, 73
B
Bains, 55
Battedou (Le), 99
Belvezet, 87
C
Campagnac, 101
Campuac, 99
Cassagnole (La), 117
Chanaleilles, 65
Chaze-de-Peyre (La), 73
Clauze (La), 65
Combes, 91
Conques, 103
Contaldès, 65
D
Decazeville, 109
E
Espalion, 91
Espeyrac, 101
Estaing, 95
Estrets (Les), 72
F
Falzet (Le), 65
Faux (Les), 67
Figeac, 117
G
Gentianes (Ferme des), 77
Golinhac, 99
L
La Roche (Haute-Loire), 44
Lasbros, 77
Livinhac-le-Haut, 113
M
Malbouzon, 79
Marchastel,79
Monistrol-d'Allier, 61
Montaure, 61
Montbonnet, 51
Montgros, 79
Montredon, 113
N
Nasbinals, 83
Noailhac, 107
P
Prayssac, 107
Pressoires, 103
Prinsuéjols, 77
Puy-en-Velay (Le), 43
Q
Quatre-Chemins (Les), 77
R
Rieutort-d'Aubrac, 79
Rochegude, 61
S
Saint-Alban-sur-Limagnole, 72
Saint-Chély-d'Aubrac, 87
Saint-Christophe-sur-Dolaizon, 47
Saint-Côme-d'Olt, 89
Saint-Félix, 115
Saint-Jean-Mirabel, 115
Saint-Pierre-de-Bessuéjouls, 95
Saint-Privat-d'Allier, 57
Saugues, 63
Sauvage (Domaine du), 67
Sénergues, 103
T
Tallode, 51, 55

THÉMATIQUE

HISTOIRE
Le Puy-en-Velay, 44
Souvenirs jacquaires du musée Crozatier, 49
La bête du Gévaudan, 58
Le chemin de Saint-Guilhem-le-Désert, 81
Le chemin Urbain V ou GR® 670, 81
Pèlerinages majeurs et pèlerinages mineurs, 96
L'aide au pèlerin, 96
Le pèlerin et les reliques, 97
Conques, 104
Cadence de marche des pèlerins médiévaux, 110
L'hygiène du pèlerin, 111

TRADITIONS
La dentelle au carrreau, 48
Traditions du Velay, 53
Un pays de traditions religieuses, 59
Rites du départ, 85
Une lame bien trempée, 92
Le sabot du Rouergue, 92
Estaing et la tradition de la Saint-Fleuret, 96

GASTRONOMIE
La perle du Velay, 52

PATRIMOINE BÂTI
Les trésors du Puy-en-Velay, 37-39
La Margeride, 68
Aubrac, 84
L'habitat en Aveyron, 97

MILIEU NATUREL
Faune de Margeride, 69
L'Aubrac, 76
Plantes d'Aubrac, 80
Le pays d'Olt, 93

7e édition : août 2014
ISBN 978-2-7514-0740-6 © IGN 2014 (fonds de cartes) - Dépôt légal : août 2014
Achevé d'imprimer en France sur les presses de Corlet, Condé-sur-Noireau selon les normes de la certification PEFC®.

PEFC™ 10-31-1510